数学で学ぶ化学工学11話

斎藤恭一 著
中村鈴子 絵

朝倉書店

はじめに

　私が書いた数学らしき本はこの本で3冊めである．前の2冊のマネにならないように前著を見ずに原稿を書いた．それでも，書いている人が同じなので似てくるのは仕方がない．今回は化学工学を勉強してみようという人へ向かって書いている．

　化学工学をまったく初めて勉強する読者は第2話から始めて，最後になって第1話に戻ってほしい．化学工学を復習したい読者は第1話から始めてほしい．化学工学をよく知っている読者は読まなくてよい．

　化学工学を究めてから教科書を書くべきだといわれると，私はいつまで経っても書けないことになる．私のこれまでの化学工学での体験を"数学"に乗せて述べることにした．

　基礎方程式をじっと見ていて，現象の原点まで遡ることができるならばとても楽しいはずだ．数式を見て，いろいろな情景や画面が頭の中に広がるだろう．この場合，数式はスイッチの役割だ．数式を使って，装置のサイズを設計できる，あるいは現象の推移を予測できる．この場合，数式は計算機のプログラムにあたる．

　数学にも，純粋数学から応用数学まで幅がある．化学工学という応用分野に向いた数学だけをここでは紹介した．ユーザーの立場から数学を説明した．系統的かつ定量的な技術を生み出す化学工学にとっての重要かつ不可欠な武器である数学を是非とも習得していただきたい．

　この本を企画し，出版の機会をくださった朝倉書店編集部に感謝いたします．

　中村鈴子さんが，内容の理解を助けてくれるすばらしいイラストを描いてくださいました．ありがとうございました．

原稿を読んでコメントをくれた宮澤忠士君と浅利勇紀君に御礼申しあげます．

最後に，化学工学における数学の大切さを，講義や講演を通して，私を含め聴衆に教えてくださった西村 肇先生（東京大学名誉教授）に感謝いたします．ありがとうございました．

2008 年 8 月

斎 藤 恭 一

●読み進め方●

　抽象的なイメージを描くのが得意な人は，第 2 話から第 11 話まで順に読み進めてください．「第 5 話と第 6 話がわかったからもういいや」といってこの本を閉じないでください．他方，具体的な事象を大切にする人は，第 2 話から第 4 話まで読んだ後に，ひとまず，第 5 話と第 6 話を飛ばして第 7 話から第 11 話へと進んでください．最後に第 5 話と第 6 話に戻ってください．「第 5 話と第 6 話がつまらない」といってこの本を放り出さないでください．

　すべての章に演習問題をつくりました．ノートを取り出し，鉛筆をもってじっくり解いてください．演習問題が解けて初めてその章を理解したといえます．

目　　次

第1話　化学工学の考え方と数学 ……………………………………1
ホモ（homo）vs ヘテロ（hetero）　2
平衡論（equilibrium）vs 速度論（non-equilibrium）　3
定常（steady）vs 非定常（unsteady）　5
バッチ（batch）vs フロー（flow）　7
固定層（fixed bed）vs 流動層（fluidized bed）　7
化学的（chemical）vs 機械的（mechanical）　9
不連続（discrete）vs 連続（continuous）　9
観察される（observed）反応速度 vs 真の（intrinsic）反応速度　11
巨視的（macroscopic）vs 微視的（microscopic）　12
決定論（deterministic）vs 統計論（stochastic）　13
モデル（model）vs 現実（real）　13

基　礎　編

第2話　微分と積分 ………………………………………………17
図面の上と式の上での微分　17
微分の公式　20
図面の上と式の上での積分　22
積分の公式　23
微分方程式　25
偏微分と重積分　25

第3話 ラプラス変換 ……………………………………………… 30

ラプラス変換の定義　31
微分のラプラス変換　32
指数関数のラプラス変換　33
双曲線関数のラプラス変換　35
ラプラス変換による微分方程式の解法　37
双曲線関数の公式の証明　40

第4話 フラックス ……………………………………………… 43

浴槽内のジワジワ熱流束　47
コーヒーカップ内のジワジワ質量流束　50
流体力学でのジワジワ運動量流束　51
もう一度, フラックス　54

第5話 収支式 …………………………………………………… 56

バランスシート　56
微小区間　58
収支式（微分方程式）を立てる5つのステップ　59
物質収支の一般式（直角座標）　61
アナロジーの活用　63

第6話 スカラーとベクトル ………………………………… 66

スカラーとベクトル　67
物質収支式のベクトル表記　67
ジワジワ流束のベクトル表記　70
ドヤドヤ流束のベクトル表記　71
再び, 物質収支式　72

目次　　　　　　　　　　v

応用編：直感的解法

第7話　1階常微分方程式　バッチとフロー反応器（マ） ……………74

胃袋反応器　75

胃袋での物質収支式　77

腸管反応器　77

腸での物質収支　79

胃腸での初期条件と境界条件　80

1階の常微分方程式の解法　80

変数分離法による解法　81

半減期　81

第8話　2階常微分方程式　直角座標，フィン内の伝熱（ヒ） ………84

「青海チベット鉄道」の熱棒のフィン　85

微分方程式をつくる手順　86

フィン内の境界条件　88

直感的解法によるフィン内温度分布の決定　88

ラプラス変換によるフィン内温度分布の決定　90

フィンの伝熱効率　90

第9話　2階常微分方程式　球座標，多孔性触媒内の拡散（マ） ……94

触媒の担持　94

多孔性触媒の誕生　97

多孔性構造の記述　98

多孔性ビーズ内の入溜消出　98

変数変換　100

有効係数　102

第10話　2階常微分方程式　円柱座標，円管内の流速分布（モ） …106

円管には円柱座標　　106
粘性の方向　　107
この段階で直感的解法　　109
外圧イコール壁での圧力　　111
円管内の流量　　112
微分方程式の分類　　113

応用編：マニュアル解法

第11話　放物線型偏微分方程式　直角座標，額の熱さまし（ヒ） …118

偏微分こそが現実を語る　　118
スイカもトマトも冷える　　120
キュウリが冷える　　123
ヒタイ（額）が冷える　　123
初期条件と境界条件　　124
偏微分方程式の解法　　125
ラプラス変換による解　　127
線図の利用　　131
モデリング　　133

演習問題解答　136
参考図書　158
あとがき　159
索　　引　162

第 1 話

化学工学の考え方と数学

　数学があって化学工学があるのではなく，化学工学があって数学がある．数学という化学工学にとっての"道具"のリストを示し，その使い方を初めから紹介するのではなく，第 1 話では化学工学の考え方と数学の使われ方との関係を"ぼんやり"と整理しておきたい．化学工学を少し知ってから"化学工学のための数学"を学んだ方がよい．

　私が大学に入学してから 35 年が経っている．初めの 10 年は学生として化学工学をまじめに学んだつもりであった．まん中の 12 年は化学工学科のスタッフとして化学工学を必死に教えたはずであった．残りの 13 年はわけあって化学工学から離れ「共生応用化学科」という名の学科で化学工学を活用して働いている．

　化学工学の考え方の特徴は，プロセス，装置，材料，そして現象（これらを"モノゴト"と呼ぶことにする）を"系統的かつ定量的に表現すること"であると私は思う．平たくいえば，"広く捉えて数字を使って表す"のを得意とするのが化学工学だ．モノゴトを系統的に考えるには"両極端（two extremes）"を押さえておく必要がある．その間のことは両端を知っていればわかる．中間がないことだってある．化学工学ではさまざまな"両極端"，いいかえると"対立語"を学ぶ．そして，モノゴトを定量的に扱うには数学が役立つ．

　化学工学に登場するさまざまな対立語を階層にまとめた（図 1.1）．こうした対立語を説明し，数学との関わりを述べていきたい．

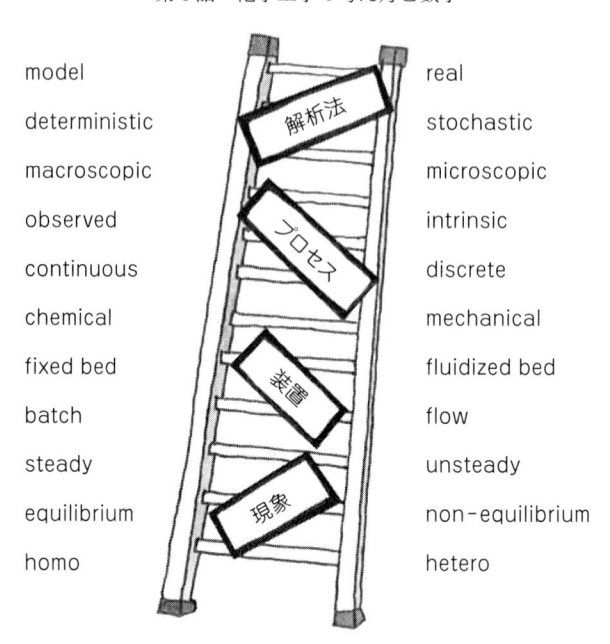

model	real
deterministic	stochastic
macroscopic	microscopic
observed	intrinsic
continuous	discrete
chemical	mechanical
fixed bed	fluidized bed
batch	flow
steady	unsteady
equilibrium	non-equilibrium
homo	hetero

（はしごに貼られたラベル：解析法，プロセス，装置，現象）

図1.1 化学工学"対立語"のはしご

ホモ（homo）vs ヘテロ（hetero）

　ホモ（homo）は均質または均相，そしてヘテロ（hetero）は不均質または異相と日本語訳されている．分子量の高い油を，触媒を使って高温で分解し分子量を下げるプロセスでは，高温にして粘度を下げた油を，触媒の詰まった装置に流入させる．そこでは，液体（油）と固体（触媒）とが接触して反応している．この反応は液相と固相の組み合わせだから異相系反応の１つである．

　液体と液体を混ぜたからといって均相になるとは限らない．サラダにかける前に，フタをしたまま激しく振らないとおいしいサラダをいただけない．分離液体型サラダドレッシングは静置すると２相に分かれる．互いにほとんど溶け合わない（immiscible）水と油の関係だ．これも異相系の場である（図1.2）．

平衡論（equilibrium）vs 速度論（non-equilibrium）

hetero　　　homo

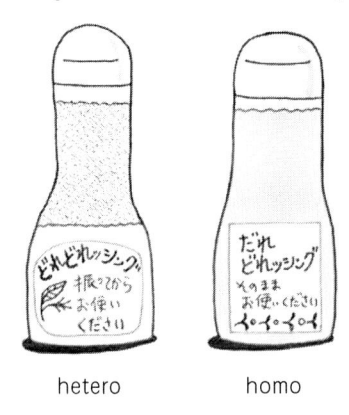

図 1.2　2 つのタイプのサフドレ

　数学の立場からいうと，異相なら相ごとに，物理量を規定する式を立てることが必要だ．しかも，相（phase）の界面（interface）で物質，熱，または運動量のやりとりがあるので，それらの物理量が界面での境界条件（boundary condition）として登場する．

平衡論（equilibrium）vs 速度論（non-equilibrium）

　対立語として，"A" vs "non-A" ではつまらない．そこで，"statics" vs "dynamics" としてもよい．

$$A+B \rightleftarrows C+D \tag{1.1}$$

可逆反応（reversible reaction）で，反応が瞬間的（instantaneous）に起きてすぐに平衡に達する，または，接触時間や接触面積が十分にあって平衡に達しているときの話が平衡論だ．そうでなく，平衡に至る途中の話が速度論だ．

　蒸留塔の設計，特に，棚段塔の必要段数を図面上で求める作図法に階段作図がある．このときには気液"平衡"線を図中に入れて，それを使って作図する．蒸留は，分離操作のなかでも"平衡"操作と呼ばれている．棚段部分に精緻な工夫がされているから接触時間も接触面積もたっぷりと与

えられている．各段で平衡に達しているからそういう名がつけられた操作なのだろう．

しかしながら，たいていのモノゴトには，速度論が展開される．分や時間の単位で反応には時間がかかる．反応の過程を考えてみると，例えば，次のように表される．

$$A \to B \to C \tag{1.2}$$

$$A \begin{array}{c} \to B \\ \to C \end{array} \tag{1.3}$$

前者が逐次（stepwise）反応，後者が並列（parallel）反応と呼ばれる．反応の全体を総括（overall）反応，途中の各反応を素（elementary）反応と呼んでいる．総括の反応速度を私たちは観測している．一番遅い過程によって総括の反応速度が決定されるので，その過程を律速段階（rate-determining step）という（図1.3）．クラス会を久しぶりに開こう

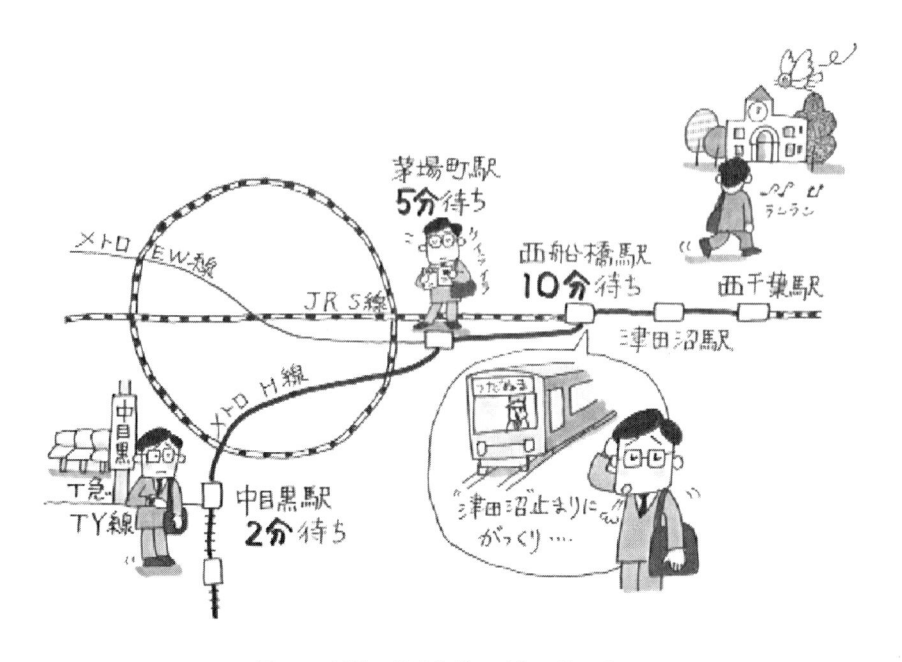

図1.3 通勤の律速段階は乗換の待ち時間

と，メンバーに日程のアンケートをとったとしよう．開催日を決定したくてもS君から返事がなく，決まらない．S君はアンケートの速さを決定する律速"人"である．
　ここで登場してきた

　　可　逆　vs　不可逆
　　逐　次　vs　並　列
　　総括反応 vs 素反応

　これらも立派な対立語であるけれども，"化学工学"御用達というよりむしろ"物理化学"御用達の対立語である．物理化学で習う古典的な反応速度論は常微分方程式（ordinary differential equation）の世界だ．空間の分布は考慮しない．ビーカーに入れた液体はよく撹拌されているので，ビーカー内の位置に依らず，濃度や温度はどこでも同じだ．濃度や温度は時間だけの変数である．物理化学の立場から表した速度式を，真の反応速度を表現している式として用いるのが化学工学の立場である．

定常（steady）vs 非定常（unsteady）

　これまた安易な対立語だ．そこで，"stationary" vs "transient" といいかえてよい．それぞれ stationery, transit と似ているけれども，意味がまったく違う．非定常状態は遷移状態とも呼ばれている．平衡状態も，時間に物理量が依存しない点からは定常状態の1つではある．定常はもう少し意味が広い．パチンコ台を思い出してみよう（図1.4）．最近はやっていないけれども，今も昔も仕組みは同じなのだろう．受け皿の玉数を気にしながら玉を手元で打つ．減っていくと同時に，当たりに入ってジャラジャラと受け皿に玉が入ってきた．いつ見ても受け皿の玉数は変わっていないように見える．こうして受け皿内のパチンコ玉の数は"定常"に達した．受け皿から出ていく玉数と，受け皿に入ってくる玉数が一致しているからだ．
　手洗い，洗顔用のシンク（sink）を考えよう（図1.5）．底の口にゴム

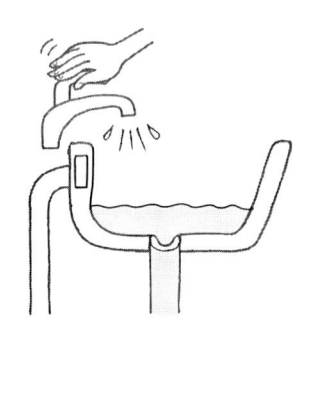

図 1.4 パチンコ台の玉数の定常　　　**図 1.5** シンク内の水量の定常

栓がはまっていない．開いている．蛇口をひねって水の流量を徐々に増やす．底の口に水がズルズルと勢いよく吸い込まれていく．水が溜まらないので蛇口をさらにひねって水の流量を増やした．こんどは増やしすぎて水かさが増した．「こりゃまずい」というので少し減らした．そうしたら，いつ見てもシンク内の水の高さが変わらなくなった．こうしてシンク内の水量は"定常"に達した．底の口から出ていく流量と蛇口から出てくる流量が一致しているからだ．ただし，こういう水の使い方はもったいないのでやめよう．

　入ってくる分と出ていく分とが釣り合って，時間に依らずに物理量（受け皿内のパチンコ玉の数やシンク内の水の量）が一定であることを"定常"という．毎月，入金と出金が釣り合っていて，預金通帳の預金額が不変なときは"定額"預金ではなく"定常"預金である．定常とは現状維持のことだ．数学の立場からは，物理量 f の時間変化がないこと，すなわ

ち $\partial f/\partial t$ がゼロであるときには定常，一方，ゼロでないときには非定常と呼ぶ．

バッチ (batch) vs フロー (flow)

　化学プロセスでは，反応器（reactor）がまん中にあって，その周辺に分離装置（separator）が配置されている．製品を大量につくりたいときには，原料も製品も休みなく続けて流す必要がある．原料も製品も流れているので流通（flow）系と呼んでいる．石油コンビナート内の大きな工場に見学に行くと，連続生産プロセスが順調に動いている．中央制御盤のパネルには，流量，濃度，圧力，温度といったパラメータがカラー表示されている．

　一方，多品種少量生産プロセスでは流通系を採用していない．20 年ほど前，学生を連れて工場見学に行くことになり，熊本市にある株式会社同仁化学研究所の工場を訪問した．"ドータイト"試薬を多品種つくっていた．ガラス製の大釜の形をした反応器を下から覗くことができた．反応終了後に液体や固体の製品を下から抜き取りやすいように頭上の高さに大釜がおかれていた．試薬の注文量に合わせて 1 回 1 回，きれいに釜を洗って別々の試薬をつくっているという説明を受けた．まさに 1 回分．"1"をとって回分（batch）式なのだ．大釜の中の液を攪拌して操作している．液体や気体の出入りがないので，流通系とは呼ばない．

　数学から見ると，流通系では，円管内を流れる液体や気体の流れに沿って濃度や温度が分布するので，物理量は空間座標（例えば，管の長さ方向と管の半径方向）の関数となる．一方，回分系では，濃度や温度が，時間とともに変化するので，物理量は時間の関数となる．

固定層 (fixed bed) vs 流動層 (fluidised bed)

　粒子を吸着材（adsorbent）あるいは触媒担体（support）として用いることが多い．それを円筒状の容器（層，bed）に詰め，そこへ，下から上

へ向かって流体（気体でも液体でもよい）を流す．流体の流量を上げていくと，粒子はもはやじっとしていられずに浮き上がる．粒子は層のまん中のあたりで上へ持ち上がり，縁のあたりで下へ降りてくる．こうして循環流が生まれる．流量を上げすぎると，粒子は層からみな飛び出してしまう．

粒子が動かずにじっとしている層を固定層（fixed bed），粒子がある高さを保ちながら循環流動している層を流動層（fluidized bed）と呼んでいる．流動層には，粒子同士がぶつかり合うので，粒子が摩耗するという欠点がある一方で，粒子表面に汚れがついても後で剥がれるので粒子が汚れにくいという長所がある（図1.6）．

固定層なら上から下まで層内で粒子濃度が一定なので解析がやさしい．一方，流動層なら層高さ方向に粒子濃度が分布するので，例えば，上の方を希薄相，下の方を濃厚相と分けて解析することになる．そうなると数式もパラメータも増える．装置として流動層の性能がよいなら，数学的解析の複雑さはさておき，流動層は利用されていく．装置をさらに改良するために流動層の解析を行うわけだ．

図1.6 流動層と"三角くじ引き器"は似ている

化学的（chemical）vs 機械的（mechanical）

　私は化学工学の分野でいうと，"分離工学"にずっと関わってきた．学生時代に授業科目として「単位操作」があった．unit operation を「単位操作」と日本語訳したのだろうけれども，unit は単位というより"装置"という意味があるのだから「装置操作法」と訳した方がよいと思う．プロセス全体から見ると構成"単位"ではあるけれども．

　分離にはたくさんの操作がある．"蒸留（distillation）""吸収（absorption）""吸着（adsorption）""抽出（extraction）""晶析（crystallization）"，これらの操作は化学的な（chemical）分離操作である．一方，"濾過（filtration）""集塵（collection）""遠心分離（centrifugal separation）"は機械的な（mechanical）分離操作である．分離操作を組み合わせた日本での「製塩」プロセスを図 1.7 に示す．安全，そして安心な食塩はこうしてつくっている．

　分離操作を実施する装置のサイズを決めていく学問がまさに化学工学なのだ．ありとあらゆる手法を取り入れて装置の設計を行う．そこでは，数学という道具が役立つわけである．

不連続（discrete）vs 連続（continuous）

　蒸留でも抽出でも板で仕切られ，区分された場所である"段"という舞台で分離操作を行う．広い範囲でモノが混ざるとかえって分離の効率が下がるので，反応器や分離装置内に段を設ける．蒸留塔では，下の段から気体が上がり，上の段から液体が流れ落ちつつ，気体と液体との間で物質移動が起きる．また，抽出塔（図 1.8（a））では，互いに混じり合わない 2 種類の液体のうち，軽い液体が上の段へ流れ上がり，重い液体が下の段へ流れ落ちつつ，液体と液体との間で物質移動が起きる．各段には接触面積と接触時間とを増やす工夫が施されている．この場合，濃度や温度の分布は段ごとに"段"差があり不連続（discrete）である．discrete system である．

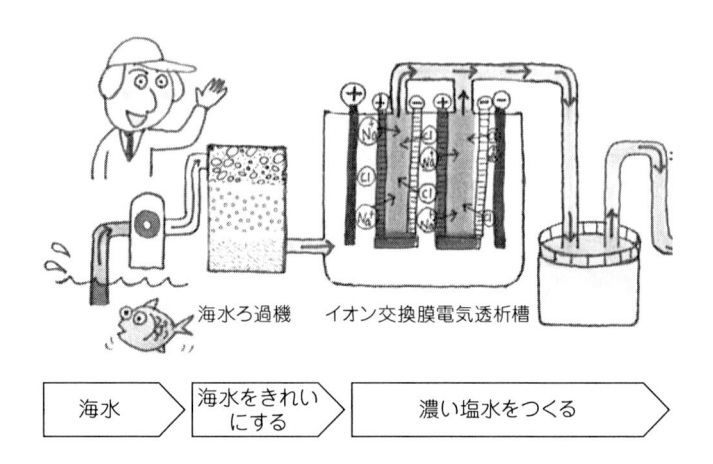

海水ろ過機　イオン交換膜電気透析槽

海水 → 海水をきれいにする → 濃い塩水をつくる

図 1.7 日本ではこうして
（ナイカイ塩業株式会社のカタログを参考にして作成

液体

（a）抽出塔　　（b）ガス吸収塔

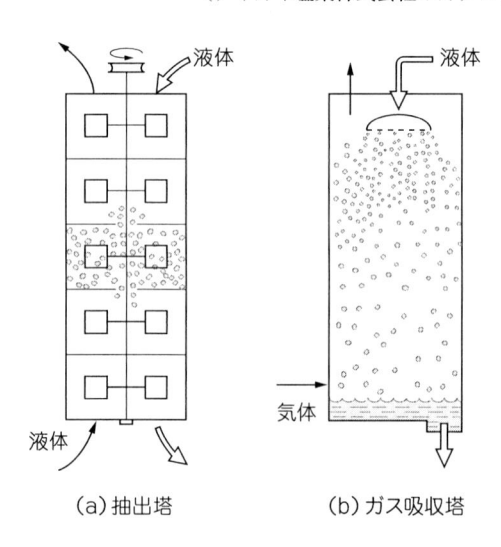

図 1.8 抽出塔とガス吸収塔

一方，ガス吸収塔（図 1.8（b））では，液を噴出（spray）して，微小な液滴をガスの流れの中に巻き込ませる．こうして気体と液体の界面で物質移動が起きる．塔の上から下まで濃度は連続的（continuous）に分布し

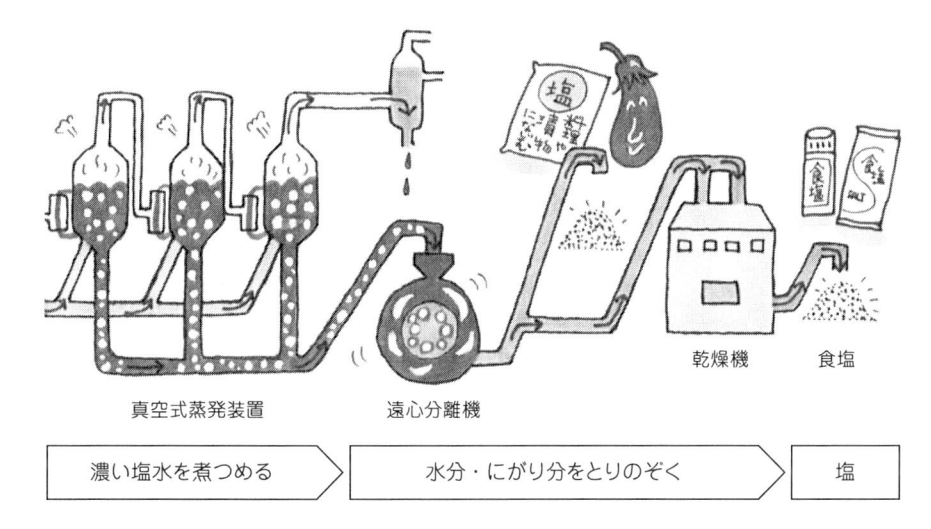

真空式蒸発装置　　　　遠心分離機　　　　　　　　　　　乾燥機　　食塩

| 濃い塩水を煮つめる | 水分・にがり分をとりのぞく | 塩 |

塩をつくっている
しました．野﨑泰彦社長の御好意に感謝いたします）

ている．continuous system である．

　数学的には，discrete なら差分方程式，continuous なら微分方程式を使って表現できる．もっとも，微分方程式は無限大の段数の差分方程式の集合体であると見なせるけれども，それはそれとして気にしないことにしよう．

観察される（observed）反応速度 vs 真の（intrinsic）反応速度

　白金（Pt），パラジウム（Pd），ロジウム（Rh）といった貴金属は自動車排ガス浄化用の触媒（catalyst）として有用である．そうはいっても塊のまま使うのはもったいない．触媒表面積を増大させるため，それらの貴金属を微粒子にして多孔性の担体に固定して使う場合が多い．吸着材の場合もそうだ．吸着サイトの数や表面積を増大させるために多孔性吸着材をつくって使う．

　この場合，多孔性材料を粒子にして層に詰めて使う．流体の流れやすさを考えると，粒径はせめて $100\,\mu m$（$0.1\,mm$）程度必要だ．粒径を小さくすればそれだけ液を層に流通させるのに要する圧力が増え，その分，大き

なポンプの設置が必要になる．

　触媒である粒子と粒子の間をガスや液が流れながら触媒反応が進行するのだけれども，粒子の外表面付近で反応が終わってしまうと，せっかく担持してある粒子の内側の触媒が無駄になる．反応の進め方（触媒の有効利用率）と圧力損失（ポンプ動力）を考えて操作条件を決めることになる．

　触媒の活性サイトへ原料が届かないと真の（intrinsic）反応が始まらない．そして，反応の生成物がそこから離れないと反応は制限される．そういうわけで，真の反応の前後には物質移動の過程が必ず含まれる．層に詰めて観察される（observed）反応は総括の（overall）反応である．真の反応の前後の物質移動過程の速度が，真の反応速度に比べて十分に速いのなら，観察される速度が真の反応速度に等しくなるわけだ．真の反応速度とともに，真の反応の前後の物質移動速度が総括の反応速度を決めている場合が多く，層内での高さ方向，半径方向，さらには粒子の半径方向に，濃度や温度の分布がついてくる．そうなると，粒子の半径方向に原料や生成物濃度の分布がある現象を微分方程式によって表現することが必要になる．

巨視的（macroscopic）vs 微視的（microscopic）

　どの範囲で収支（balance）をとるかが問題である．装置やプロセス全体の収支なら話はわかりやすい．装置内の長さ方向の濃度や温度の分布を調べるために微小区間をとってそこで収支をとるなら，相対的に微視的である．

　分子運動論（molecular dynamics）まで持ち出して分子のレベルで議論するならさらに微視的である．私が大学で習った化学工学ではそこまで微視的にはやらなかったけれども，最近の計算化学（computational chemistry）の発展に伴い，微視の度合いは，より小さい方へ向かっているようだ．

　数学の立場からは，巨視的な（macroscopic）扱いなら代数方程式で済んでしまい，微視的な（microscopic）扱いなら微分方程式が活躍する．

決定論（deterministic）vs 統計論（stochastic）

　私が，5年半にわたり，修士と博士課程を過ごした研究室では，流動層と気泡塔（bubble column）の研究が主要テーマだった．私に与えられたテーマ「海水ウラン採取」は，私1人で始めるよう指示された寂しいテーマであった．流動層なら細かい粒子（用途が油の熱分解だったので，fluid cracking catalyst，略してFCCと呼んでいた）の間を気泡が，気泡塔なら水の中を気泡が，層内や塔内を往き来して，循環していた．その気泡を探針（probe）法で探っていた．この針の周囲が気泡なのか，それとも粒子なのかは，針を二股に分けた先に取りつけた金属製細線の電気伝導度を測って判断していた．流動層や気泡塔の内部での気泡の挙動を解明するのはたいへんそうだった．

　流動層内で気泡は探針の先に周期的にやってくる．気泡でないときには気体と粒子の混合物（懸濁しているので"エマルション"と呼んでいる）が探針と接触している．こうなると空間としても時間としても連続していると扱いにくい．統計論の（stochastic）世界だ．この対立語として，空間も時間も連続して扱うのが決定論の（deterministic）世界だ．

モデル（model）vs 現実（real）

　「所詮モデルなんだから現実とは違うよ」と冷たくいい放ってはいけないと思う．カオス（chaos）だらけの現実世界（real world）を式を使って表そうとする崇高な態度がモデル化（モデリング，modeling）なのである．仮定（assumption）を少なくして，より現実（real）に近寄ったモデル（model）から生まれる式は相当複雑な式となる．すると，誰にも理解してもらえず，モデル式を使ってもらえない．あまりに単純なモデルで式がわかりやすくても，現実から離れすぎるとみなさんに不満をもたれ，そのモデル式を使ってもらえない．このジレンマのなかでモデルは淘汰され，改良，洗練されるわけだ．

　すばらしいモデルには名前が与えられる．化学工学の世界で，私が習っ

たモデルのなかに，反応吸収を記述した八田（はった）モデル，そして管の軸方向の混合拡散を記述した宮内（みやうち）モデルがある．このように日本人は化学工学で世界に貢献している．

化学工学には，"対立"の考え方もあれば"類似（アナロジー，analogy）"の考え方もある．アナロジーの代表選手は"マヒモ"である．"マ"は mass（質量）の先頭の 2 文字 ma，同じく"ヒ"は heat（熱量）の he，そして"モ"は momentum（運動量）の mo である．これらの 3 つの移動現象（transport phenomena）はとにかく似ているのだ．このあたりの詳細はこの本の後半で説明されている．

頭の中に絵（イメージ）をつくること，もっていることがこの後，数式を立てるとき，そして解いた結果を点検するときに大切である（図 1.9）．"対立"や"類似"のなかで，現象，材料，装置，プロセス，さらにはモデリングを理解することが化学工学の楽しさの 1 つだと思う．

図 1.9　"化学工学"寺の四天王

化学工学者の役割は，予定した量の製品を仕様どおりに製造することである．そのためには装置の大きさを設計し，操作法を規定しておく必要がある．そのときに数学が必須となる．大学や高専で化学工学を習っていなくとも，怠けて勉強していなくとも，企業に入ってお客さんによい品物を安定して供給するには，化学工学とそれを実践するための道具としての数学が不可欠なのだ．

　第1話は化学工学の守備範囲を紹介した．11対の対立語を取り上げながら，そこに登場する道具としての数学をぼんやりと述べた．ここでもう一度，図1.1のはしごをしっかりと昇っていただきたい．設計会社，エンジニアリング会社に最終的に設計を任せるとはいうものの，エンジニアたる者，この本で扱う数学ぐらいは知っておいて損はない．第2話からは，化学工学のための数学について基礎そして応用項目の説明を進めたい．

▶▶▶ 第1話 演習問題（化学工学の考え方と数学）

問題 1.1 図の（ ）の中を適当な用語を使って埋めなさい．

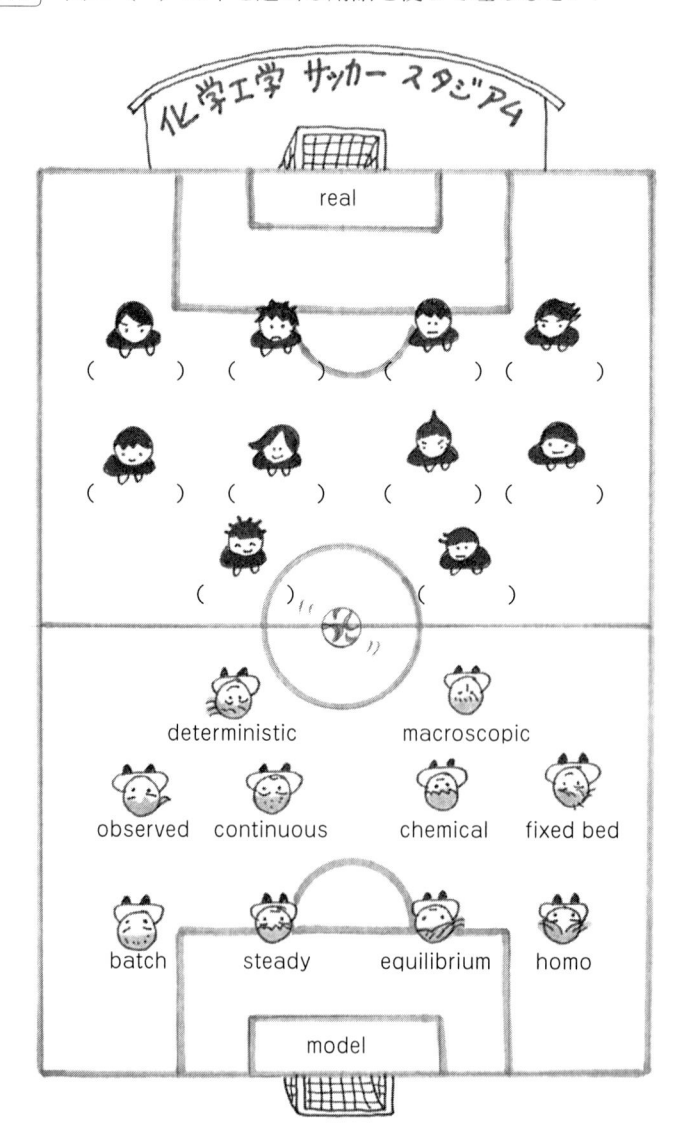

基礎編

第 2 話
微 分 と 積 分

　大学に入ってまず驚いたことは，数学，なかでも"解析学"という名の講義の内容だった．ε-δ論法をさんざん教わった．微分の"哲学"のように感じた．人生を生きていくために難解な哲学が必要ではないように，数学科ではない学生が数学を使っていくためにε-δ論法は必要ではない．ε-δ論法は，厳密なのかもしれないけれどもけっして面白くない．数学を"純粋"数学と"応用"数学とに分けると，純粋数学の方が格上のような扱いが多い．しかしながら，この解析学のような純粋数学が，大学教育に期待する新入生の大半を数学嫌いにしていると，私はいいたい．30年以上も経って不満をぶつけてしまった．ここでは，微分あるいは積分の"哲学"といった根源まで戻ることなく，化学工学のための数学にとって必要な微分と積分をまとめておきたい．

図面の上と式の上での微分

　微かな区間で，変数の変化量に対する関数の変化量の比をとると微分だ．図面上でいうと，微分とは，横軸の変化量に対する縦軸の変化量の比である．例えば，横軸に時間，縦軸に位置をとって，その位置を時間で微分すると速度（velocity），さらに，横軸に時間，縦軸に速度をとって，その速度を時間で微分すると加速度（acceleration）となる．
　図面の上での微分，それから式の上での微分がある．図面の上で，微分

第2話 微分と積分

$$\frac{df}{dx} = \lim_{\Delta x \to 0} \frac{f(x+\Delta x) - f(x)}{(x+\Delta x) - x}$$
$$= \lim_{\Delta x \to 0} \frac{\Delta f}{\Delta x}$$

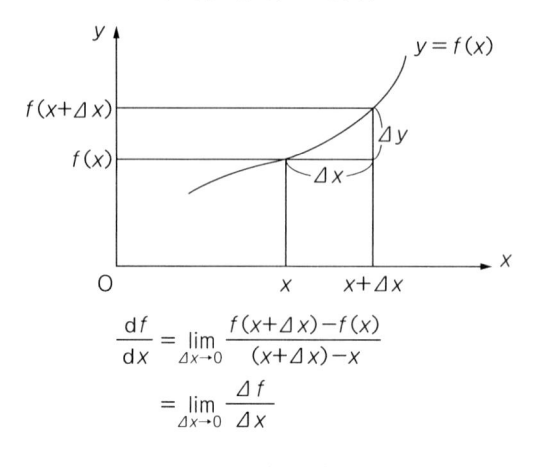

図 2.1 微分の定義

dy/dx（または dy/dt）は，$y = f(x)$（または $y = f(t)$）という曲線での接線の傾きを計算することだ（図 2.1）．

$$\frac{df}{dx} = \lim_{\Delta x \to 0} \frac{f(x+\Delta x) - f(x)}{(x+\Delta x) - x}$$
$$= \lim_{\Delta x \to 0} \frac{\Delta f}{\Delta x} \tag{2.1}$$

分子も分母も差（difference）をとっているので，関数 f や変数 x の前に d の文字がついている．

一方，式の上での微分には公式として慣れ親しんでおけばよい．化学工学に登場する関数を並べると，

	1回微分	2回微分
(1) 定数 a	0	0
(2) x	1	0
(3) x^2	$2x$	2
(4) x^n	nx^{n-1}	$n(n-1)x^{n-2}$
(5) $\log x$	$\dfrac{1}{x}$	$-\dfrac{1}{x^2}$

(6) $\sin x$	$\cos x$	$-\sin x$
(7) $\cos x$	$-\sin x$	$-\cos x$
(8) e^x	e^x	e^x
(9) e^{-x}	$-e^{-x}$	e^{-x}
(10) $\sinh x$	$\cosh x$	$\sinh x$
(11) $\cosh x$	$\sinh x$	$\cosh x$

(2) から (4) はべき乗である. (4) は n が負の整数でも成り立つ. したがって, $1/x$ の微分は $-1/x^2$ となる. (5) は対数関数 (logarithmic function), (6) と (7) は三角関数 (trigonometric function), (8) と (9) は指数関数 (exponential function), (10) と (11) は双曲線関数 (hyperbolic function) である. ここで, 双曲線関数は指数関数を足したり引いたりして 2 で割ってつくる.

$$\cosh x = \frac{e^x + e^{-x}}{2} \tag{2.2}$$

$$\sinh x = \frac{e^x - e^{-x}}{2} \tag{2.3}$$

この双曲線関数のグラフを描いてみる. $\cosh x$ は, 2 つの極端な指数関数 e^x と e^{-x} を足して 2 で割っていることもあって, 指数関数よりも穏やかな曲線になった (図 2.2). 一方, $\sinh x$ は不思議な曲線になる.

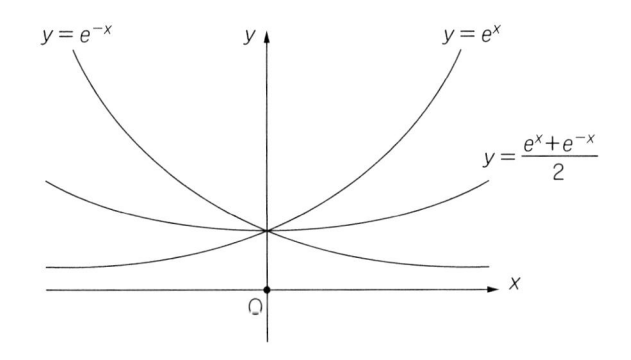

図 2.2 ハイパーボリックコサイン

ここで，関数を2回微分した形を眺めて，元の関数の形と比べてみよう．(1) から (5) までの関数は微分によって，元の姿をなくしてしまった．一方，(6) から (11) は関数の形が変わっていない．ただし，(6) と (7) は2回の微分を経て符号が変わった．(8) から (12) は2回の微分を受けてもビクともせずに，元の姿を保っている．これらの特徴は，微分方程式を直感的に解くときに大切なヒントになるので，しっかり覚えておいてほしい．

微分の公式

　具体的な関数の微分の公式だけではなく，"一般表示"の関数の微分の公式は，つぎの3つくらいで十分だ．

		1回微分	
(1) 和と差：	$f+g$ および $f-g$	$f'+g'$ および $f'-g'$	(2.4)
(2) 積：	fg	$f'g+fg'$	(2.5)
(3) 商：	$\dfrac{f}{g}$	$\dfrac{f'g-fg'}{g^2}$	(2.6)

式の上での微分を十分に理解するためにこれらを自力で証明しておこう．微分の定義に従い，右辺になるように気にしながら変形していけばよい．

　(1) の証明；　和（差は省略）
　微分の定義に従って，
$$\frac{\mathrm{d}}{\mathrm{d}x}(f+g) = \lim_{\Delta x \to 0}\frac{(f(x+\Delta x)+g(x+\Delta x))-(f(x)+g(x))}{\Delta x}$$
この場合には，足し算と引き算の順番を入れかえて，
$$= \lim_{\Delta x \to 0}\frac{(f(x+\Delta x)-f(x))+(g(x+\Delta x)-g(x))}{\Delta x}$$

(2.7)

すると，f, g のそれぞれの微分の定義式になるので，

$$= f' + g'$$

右辺のできあがり．

(2) の証明；積

微分の定義に従って，

$$\frac{\mathrm{d}}{\mathrm{d}x}(fg) = \lim_{\Delta x \to 0} \frac{f(x+\Delta x)g(x+\Delta x) - f(x)g(x)}{\Delta x}$$

分母はさておき，分子を変形する．証明すべき右辺の形を気にしながら，$f(x)g(x+\Delta x)$ を一度引いて，再度それを足すという"相殺テクニック"を適用する．下線を引いた部分だ．

$$\text{分子} = f(x+\Delta x)g(x+\Delta x) \underline{- f(x)g(x+\Delta x) + f(x)g(x+\Delta x)} \\ - f(x)g(x) \tag{2.8}$$

これを変形すると，

$$= (f(x+\Delta x) - f(x))g(x+\Delta x) + f(x)(g(x+\Delta x) - g(x)) \tag{2.9}$$

これで，Δx を分母にもってきて，無限小にすれば，

$$f'g + fg'$$

右辺に達した．

(3) の証明；商

微分の定義に従って，

$$\frac{\mathrm{d}}{\mathrm{d}x}\left(\frac{f}{g}\right) = \lim_{\Delta x \to 0} \frac{\dfrac{f(x+\Delta x)}{g(x+\Delta x)} - \dfrac{f(x)}{g(x)}}{\Delta x}$$

分母はさておき，分子を変形する．まず，右辺の分子の部分を通分する．

$$\frac{f(x+\Delta x)g(x)-f(x)g(x+\Delta x)}{g(x+\Delta x)g(x)} \tag{2.10}$$

右辺の形を気にしながら変形する．例の"相殺テクニック"を適用する．

$$\begin{aligned}
分子 &= f(x+\Delta x)g(x)-f(x)g(x)+f(x)g(x)-f(x)g(x+\Delta x) \\
&= (f(x+\Delta x)-f(x))g(x)-f(x)(g(x+\Delta x)-g(x)) \tag{2.11}
\end{aligned}$$

これで，$(g(x+\Delta x)g(x))$ と Δx を分母にもってきて，Δx を無限小にすれば，

$$\frac{f'g-fg'}{g^2}$$

右辺に辿りついた．

図面の上と式の上での積分

図面の上での積分

$$\int_a^b f(x)\,\mathrm{d}x \tag{2.12}$$

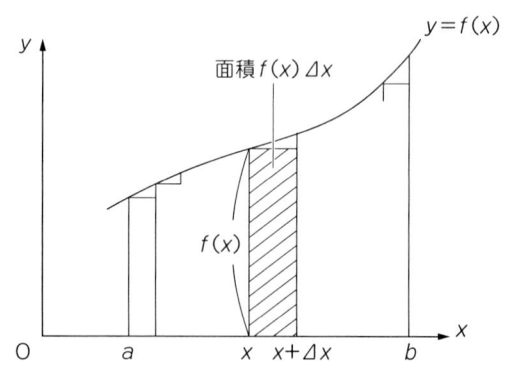

$\int_a^b f(x)\,\mathrm{d}x = \sum$ 短冊の面積
$\qquad\qquad = f(x)\Delta x$ を $x=a$ から b まで集める

図 2.3 積分の定義

は，$y = f(x)$ という曲線と x 軸で囲まれた部分を，積分範囲である $x = a$ から b まで短冊状に分けてその 1 つ 1 つの面積を計算し，足し集めることだ（図 2.3）．

一方，化学工学の数学に必要な式の上での積分はつぎのとおり．

		1 回積分	それを微分
(1)	定数 a	$ax + C$	a
(2)	x	$\dfrac{x^2}{2} + C$	x
(3)	x^2	$\dfrac{x^3}{3} + C$	x^2
(4)	x^n	$\dfrac{x^{n+1}}{n+1} + C$	x^n
(5)	$\log x$	$x \log x - x + C$	$\log x$
(6)	$\sin x$	$-\cos x + C$	$\sin x$
(7)	$\cos x$	$\sin x + C$	$\cos x$
(8)	e^x	$e^x + C$	e^x
(9)	e^{-x}	$-e^{-x} + C$	e^{-x}
(10)	$\sinh x$	$\cosh x + C$	$\sinh x$
(11)	$\cosh x$	$\sinh x + C$	$\cosh x$

積分範囲が積分記号 $\int$ の上下に指定されていないときには不定積分（indefinite integral）と呼ばれる．不定積分には積分定数 C がついてくる．一方，積分範囲のついた積分は定積分という．そこには積分定数はついてこない．1 回積分して，それを微分して元に戻っていればその積分は正しい．

積 分 の 公 式

具体的な関数の積分の公式だけではなく，"一般表示"の関数の積分の公式もある．なかでも重要な公式が「部分積分法」である．

$$\int f'g \, \mathrm{d}x = fg - \int fg' \, \mathrm{d}x \tag{2.13}$$

これは，先ほどの微分の公式に登場した「積の微分の公式」を移項するだけで証明できる．

$$(fg)' = f'g + fg' \tag{2.14}$$

右辺第2項を左辺にもっていき，左右を入れかえて，

$$f'g = (fg)' - fg' \tag{2.15}$$

両辺を積分する．ここでは，積分定数は省略する．

$$\int f'g \, \mathrm{d}x = \int (fg)' \, \mathrm{d}x - \int fg' \, \mathrm{d}x \tag{2.16}$$

右辺第1項は，微分を積分しているので，元の関数になるわけだ．

$$= fg - \int fg' \, \mathrm{d}x$$

これで「部分積分法」の公式を証明できた．さっそく，この公式の威力を体験しよう．p. 23 の (5)，$\log x$ の積分を求める問題．

$$\int \log x \, \mathrm{d}x \tag{2.17}$$

どうしてよいかわからないときに部分積分法が役立つ．$\log x$ の前に，1が掛かっていると見なすと，

$$\int 1 \log x \, \mathrm{d}x \tag{2.18}$$

$f'(x) = 1$，$g(x) = \log x$ と見なして，部分積分法に従って積分する．

$$\int 1 \log x \, \mathrm{d}x = [x \log x] - \int x (\log x)' \, \mathrm{d}x \tag{2.19}$$

$(\log x)' = 1/x$ なので，

$$\int 1 \log x \, \mathrm{d}x = [x \log x] - \int x \frac{1}{x} \, \mathrm{d}x$$
$$= [x \log x] - \int \mathrm{d}x$$
$$= x \log x - x \tag{2.20}$$

は，$y = f(x)$ という曲線と x 軸で囲まれた部分を，積分範囲である $x = a$ から b まで短冊状に分けてその 1 つ 1 つの面積を計算し，足し集めることだ（図 2.3）．

一方，化学工学の数学に必要な式の上での積分はつぎのとおり．

	1 回積分	それを微分
(1) 定数 a	$ax+C$	a
(2) x	$\dfrac{x^2}{2}+C$	x
(3) x^2	$\dfrac{x^3}{3}+C$	x^2
(4) x^n	$\dfrac{x^{n+1}}{n+1}+C$	x^n
(5) $\log x$	$x\log x - x + C$	$\log x$
(6) $\sin x$	$-\cos x + C$	$\sin x$
(7) $\cos x$	$\sin x + C$	$\cos x$
(8) e^x	$e^x + C$	e^x
(9) e^{-x}	$-e^{-x} + C$	e^{-x}
(10) $\sinh x$	$\cosh x + C$	$\sinh x$
(11) $\cosh x$	$\sinh x + C$	$\cosh x$

積分範囲が積分記号 $\int$ の上下に指定されていないときには不定積分（indefinite integral）と呼ばれる．不定積分には積分定数 C がついてくる．一方，積分範囲のついた積分は定積分という．そこには積分定数はついてこない．1 回積分して，それを微分して元に戻っていればその積分は正しい．

積分の公式

具体的な関数の積分の公式だけではなく，"一般表示" の関数の積分の公式もある．なかでも重要な公式が「部分積分法」である．

$$\int f'g\,\mathrm{d}x = fg - \int fg'\,\mathrm{d}x \tag{2.13}$$

これは，先ほどの微分の公式に登場した「積の微分の公式」を移項するだけで証明できる．

$$(fg)' = f'g + fg' \tag{2.14}$$

右辺第2項を左辺にもっていき，左右を入れかえて，

$$f'g = (fg)' - fg' \tag{2.15}$$

両辺を積分する．ここでは，積分定数は省略する．

$$\int f'g\,\mathrm{d}x = \int (fg)'\,\mathrm{d}x - \int fg'\,\mathrm{d}x \tag{2.16}$$

右辺第1項は，微分を積分しているので，元の関数になるわけだ．

$$= fg - \int fg'\,\mathrm{d}x$$

これで「部分積分法」の公式を証明できた．さっそく，この公式の威力を体験しよう．p. 23 の (5), $\log x$ の積分を求める問題．

$$\int \log x\,\mathrm{d}x \tag{2.17}$$

どうしてよいかわからないときに部分積分法が役立つ．$\log x$ の前に，1 が掛かっていると見なすと，

$$\int 1\log x\,\mathrm{d}x \tag{2.18}$$

$f'(x) = 1$, $g(x) = \log x$ と見なして，部分積分法に従って積分する．

$$\int 1\log x\,\mathrm{d}x = [x\log x] - \int x(\log x)'\,\mathrm{d}x \tag{2.19}$$

$(\log x)' = 1/x$ なので，

$$\int 1\log x\,\mathrm{d}x = [x\log x] - \int x\frac{1}{x}\,\mathrm{d}x$$

$$= [x\log x] - \int \mathrm{d}x$$

$$= x\log x - x \tag{2.20}$$

微分方程式

　微分方程式は基本的には，積分すれば解ける．積分範囲を指定せずに積分すると積分定数がついてくる．この積分定数を決めて，ようやく微分方程式を満たす関数を確定できる．そのとき，時間の関数として初期条件（initial condition：IC），空間の関数として境界条件（boundary condition：BC）が必要になる．

　微分は，"勾配をとる"すなわち時間や空間の変化を知るための解析手法である．質量，エネルギー，そして運動量の収支を微小空間内でとれば微分方程式がつくれて，その微分方程式を解くと，物理量，それぞれ濃度，温度，そして速度の分布が出る．一方，積分は，"総和をとる"すなわち時間や空間での物理量の総量を知るための解析手法である．微分方程式を解いて求まった分布を積分するとその積分範囲での濃度，温度，そして速度の総和が出るという仕組みである．

偏微分と重積分

　世の中といおうか，現実といおうか，それはそれで相当に複雑である．その複雑さをまともに数学によって解析するのはたいへんな作業である．そこで，仮定をおいて現象を単純化する作業，モデリングが必要になる（図2.4）．時々刻々と変化しつつ3次元で分布している濃度や温度は，次式によって表現される．

$$\text{濃度 } C(t, x, y, z) \tag{2.21}$$
$$\text{温度 } T(t, x, y, z) \tag{2.22}$$

1つの方向，例えば，z方向にだけ濃度や温度が分布していると見なし，さらに，その分布が時間が経っても変わらない，すなわち定常だ（steady）として，やっと

現実：時々刻々

モデル：平均

一日中くもりでしょう

図 2.4 モデリングとは現実のモノゴトの単純化

$$濃度\ C(z) \tag{2.23}$$
$$温度\ T(z) \tag{2.24}$$

と落ちつくわけだ．時間によって変わる 3 次元での物理量の分布を解析するには"偏"微分方程式（partial differential equation）が必要になる．他方，定常かつ 1 次元という特殊な状況での物理量の分布を解析するには"常"微分方程式で済む．あるいは，時間変化を重視したいのなら，空間での分布はあるとしても平均値で扱うモデルを立てる．すると，t についての"常"微分方程式が登場するのである．

具体的な例は第 7 話から第 11 話でするとしても，ここでは，偏微分が特殊なのではなく，むしろ常微分の方が特殊なのだということを認識しておいてほしい．さらに，偏微分に対応する重積分もまた特殊ではない．たいていの応用数学の本では，目次の最後の方に，偏微分や重積分が追いや

られている．これは不当な扱いである．現象の全体をより正確に表現するには，偏微分方程式が不可欠なのだ．偏微分，重積分という言葉を聞いただけで「別世界の話だ」と思うのはもうやめよう．

　化学装置の内部で濃度，温度，そして速度が一定であるということはまずない．多くの場合，それらは分布している．しかもスタートアップ（開始）時やシャットダウン（終了）時には，濃度，温度，そして速度が刻々と変化する．そんな状況を表現できるのは，偏微分方程式なのである．あまりに熱く語り過ぎて，"偏った"説明になってしまった．化学工学の数学に必要な微分と積分の話はここまでにしたい．

▶▶▶第2話　演習問題（微分と積分）

問題 2.1　微分の定義に従って，つぎの微分形を求めなさい．
(1) x^2
(2) $\dfrac{1}{x}$

問題 2.2　つぎの関数を微分しなさい．
(1) e^{ax}
(2) e^{-ax}
(3) $\sin ax$
(4) $\cos ax$
(5) $\sinh ax$
(6) $\cosh ax$

問題 2.3　つぎの関数を積分しなさい．
(1) e^{ax}
(2) e^{-ax}
(3) $\sin ax$
(4) $\cos ax$
(5) $\sinh ax$
(6) $\cosh ax$

問題 2.4　つぎの式を展開しなさい．
(1) $\dfrac{\partial (x^2 yz)}{\partial x}$
(2) $\dfrac{\partial (x+y^2-z)}{\partial y}$
(3) $\dfrac{\partial \left(\dfrac{xy}{z}\right)}{\partial z}$

問題 2.5 積の微分の公式に従い，つぎの式を展開しなさい．

(1) $\dfrac{1}{r}\dfrac{\partial\left(r\dfrac{\partial f}{\partial r}\right)}{\partial r}$

(2) $\dfrac{1}{r^2}\dfrac{\partial\left(r^2\dfrac{\partial f}{\partial r}\right)}{\partial r}$

基礎編

第3話

ラプラス変換

　第2話の微分と積分の演習でもあり，後続する微分方程式の解法でもあるラプラス変換（Laplace transform）を習得したい．微分方程式のすばらしい解法であるわりに，名前がいかついせいか，評価が低いと私は思う．そこで，ラプラス変換のファンである私が，Laplaceさんに代わってPRをしたい．

　まずもって，ラプラス変換は不思議な方法である．この変換は微分方程式を代数方程式にかえてしまう．その後は，四則演算で解ける．ただし，

図3.1 オモテの世界からウラの世界へのワープ

ラプラス変換したことによって，私たちが実感できる時間や空間（原空間，この本では"オモテの世界"と呼ぶ）から異空間（像空間，この本では"ウラの世界"と呼ぶ）へワープしているので，ウラの世界での微分方程式の解はわかりにくい代物だ（図 3.1）．オモテの世界で通用する解にするには，ウラの世界からオモテの世界へワープする方法，すなわちラプラス"逆"変換（inverse Laplace transform）が必要になる．

ラプラス変換とラプラス逆変換を使って，微分方程式を解くことは後にして，まず，ラプラス変換の基本を固めておくことにする．

ラプラス変換の定義

ラプラス変換はつぎの式で定義される．これによってオモテの世界の関数 $f(t)$ は，ウラの世界にワープして $F(s)$ になる．

$$F(s) = \int_0^\infty f(t)e^{-st}dt \tag{3.1}$$

ここで，s はそれなりに大きな正の数とする．t（ふつうは時間）についての関数 $f(t)$ に，e^{-st} を掛け算して，それを t について，ゼロから無限大まで積分するというわけだ．t について積分するので，得られた左辺には t はもはやなくなり，それに代わって s の関数になる．オモテの変数が t なら，ウラの変数は s になる．いちいちこの定義式を書くのも面倒なので，つぎのように書くのが便利だ．

$$F(s) \subset f(t) \tag{3.2}$$

それでは，さっそく，つぎの 5 つの関数をラプラス変換してみよう．

(1) $f'(t)$
(2) $f''(t)$
(3) 定数 a
(4) e^{at}
(5) e^{-at}

オモテの世界での変数は，時間座標 t でも，空間座標 z でもよい．

微分のラプラス変換

それでは（1）から，定義式のとおりに，

$$\int_0^\infty f'(t)e^{-st}dt \tag{3.3}$$

ここで立ち止まってはいけない．第2話で学んだ「部分積分法」を適用する．

$$\int_0^\infty f'(t)g(t)dt = [f(t)g(t)]_0^\infty - \int_0^\infty f(t)g'(t)dt \tag{3.4}$$

ここでは，$f'(t) = f'(t)$ そして $g(t) = e^{-st}$ とおけば，部分積分法にぴったりだ．

$$= [f(t)e^{-st}]_0^\infty - \int_0^\infty f(t)(-s)e^{-st}dt$$

$$= (f(\infty)e^{-s\infty} - f(0)e^{-s0}) - \int_0^\infty f(t)(-s)e^{-st}dt$$

ここで，s はそれなりに大きな正の数なので，ふつうの関数の $f(\infty)$ は $e^{-s\infty}$ にはかなわない．よって，$f(\infty)e^{-s\infty}$ はゼロになる．そして e^{-s0} は1だ．すると，

$$= 0 - f(0) + s\int_0^\infty f(t)e^{-st}dt$$

となる．右辺第3項の積分のところは，どこかで見たことがある．そうだ，$f(t)$ のラプラス変換の定義式だ．

$$= -f(0) + sF(s)$$
$$= sF(s) - f(0) \tag{3.5}$$

すごい．なにがすごいかというと，オモテの世界では1階微分だったのに，ウラの世界にワープするとそれは1次式に変身した．1階微分を表す f の右肩についている記号 ′（プライム）がなくなった．ここで類推するに，オモテの世界で2階微分だったら，ウラの世界ではきっと2次式になるだろう．ということで（2）に進もう．

$$\int_0^\infty f''(t)e^{-st}\mathrm{d}t \tag{3.6}$$

ここで，再び「部分積分法」を適用する．

$$\int_0^\infty f'(t)g(t)\mathrm{d}t = [f(t)g(t)]_0^\infty - \int_0^\infty f(t)g'(t)\mathrm{d}t \tag{3.7}$$

から，$f'(t)$ を $f''(t)$ と見なすと

$$\int_0^\infty f''(t)g(t)\mathrm{d}t = [f'(t)g(t)]_0^\infty - \int_0^\infty f'(t)g'(t)\mathrm{d}t \tag{3.8}$$

という公式をつくれるから，

$$= (f'(\infty)e^{-s\infty} - f'(0)e^{-s0}) - \int_0^\infty f'(t)(-s)e^{-st}\mathrm{d}t$$

ここでも，s はそれなりに大きな正の数なので，ふつうの関数なら $f'(\infty)$ は $e^{-s\infty}$ にはかなわない．$f'(\infty)e^{-s\infty}$ はゼロになる．そして e^{-s0} は 1 だ．

$$= 0 - f'(0) + s\int_0^\infty f'(t)e^{-st}\mathrm{d}t$$

となる．右辺第 3 項の積分のところは $f(t)$ のラプラス変換の定義式だ．

$$= -f'(0) + s(-f(0) + sF(s))$$
$$= s^2 F(s) - sf(0) - f'(0) \tag{3.9}$$

やはり，2 次式になった．2 階微分を表す f の右肩についている記号 ″（ダブルプライム）がなくなり，かわりに s の右肩に 2 がついた．これを繰り返すと，n 階微分は n 次式になるということがわかる．

化学工学の現象も含めて，私たちの身の回りで起きる現象は，せいぜい 2 階微分で表現できる．それ以上は体感できない．位置 x の時間 t についての 1 階微分が速度，2 階微分が加速度である．3 階微分以上は，たとえジェットコースターに乗っても実感できそうもない．つぎに，身近なところの関数をラプラス変換していこう．

指数関数のラプラス変換

まずは，定数 $f(t) = a$ から始める．

$$\int_0^\infty ae^{-st}\mathrm{d}t = a\left(-\frac{1}{s}\right)[e^{-st}]_0^\infty$$
$$= a\left(-\frac{1}{s}\right)(0-1)$$
$$= \frac{a}{s} \tag{3.10}$$

オモテの世界では定数だった．ウラの世界では分数式になった．1 をラプラス変換すると，$1/s$ になるわけだ．

続いて，指数関数 $f(t) = e^{at}$

$$\int_0^\infty e^{at}e^{-st}\mathrm{d}t = \int_0^\infty e^{(a-s)t}\mathrm{d}t$$
$$= \frac{1}{a-s}[e^{(a-s)t}]_0^\infty$$

ここでも s はそれなりに大きな正の数なので，$a-s < 0$．すると $e^{(a-s)\infty}$ は 0 となる．

$$= \frac{1}{a-s}(0-1)$$
$$= \frac{1}{s-a} \tag{3.11}$$

ここで，念のために，$e^{at}e^{-st}$ をうっかり e^{-ast} なんてしてはいけない．$10^2 \times 10^5$ は，10^{10} ではなくて，10^7 である．指数関数の掛け算は，指数部分を足すわけだ．

さて，$f(t) = e^{-at}$ をラプラス変換すると，

$$\int_0^\infty e^{-at}e^{-st}\mathrm{d}t = \int_0^\infty e^{-(a+s)t}\mathrm{d}t$$
$$= -\frac{1}{a+s}[e^{-(a+s)t}]_0^\infty$$
$$= -\frac{1}{a+s}(0-1)$$
$$= \frac{1}{s+a} \tag{3.12}$$

ところで，定数 1 は e^{0t} または e^{-0t} と見なせるから，上式で $a=0$ に相当する．定数 1 をラプラス変換すると $1/s$ である．

双曲線関数のラプラス変換

ここまで，関数をオモテの世界からウラの世界へワープさせるために，ラプラス変換した．オモテ→ウラの換算表をつくったのである．ここからは，ウラ→オモテ，すなわちラプラス逆変換の換算表をつくる．外国へ出かけたときには，空港で円をその国の通貨に換金する．換金所の窓口に掲示されている表がラプラス変換表に相当する．帰国したときには，その表を逆から読んで円に戻す．ここは，"通貨変換" と "通貨逆変換" である（図 3.2）．

指数関数を組み合わせてつくる双曲線関数 $f(t) = \sinh at$ と $\cosh at$ をラプラス変換する．

$$\sinh at = \frac{1}{2}(e^{at} - e^{-at}) \tag{3.13}$$

$$\cosh at = \frac{1}{2}(e^{at} + e^{-at}) \tag{3.14}$$

ラプラス変換の定義から，関数を足したり，引いたりするときのラプラス変換では，

$$f(t) + g(t) \supset F(s) + G(s) \tag{3.15}$$
$$f(t) - g(t) \supset F(s) - G(s) \tag{3.16}$$

である．そこで，

$$\begin{aligned}\sinh at &\supset \frac{1}{2}\left(\frac{1}{s-a} - \frac{1}{s+a}\right) \\ &= \frac{1}{2}\frac{(s+a) - (s-a)}{s^2 - a^2} \\ &= \frac{a}{s^2 - a^2}\end{aligned} \tag{3.17}$$

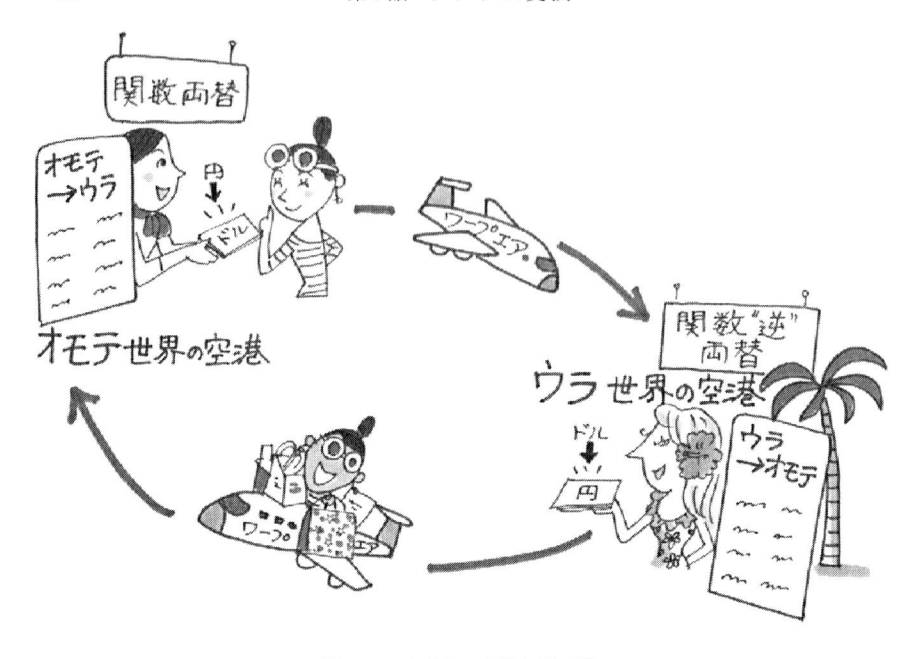

図 3.2 ラプラス変換と逆変換

$$\cosh at \supset \frac{1}{2}\left(\frac{1}{s-a}+\frac{1}{s+a}\right)$$
$$= \frac{1}{2}\frac{(s+a)+(s-a)}{s^2-a^2}$$
$$= \frac{s}{s^2-a^2} \tag{3.18}$$

ここまでの関数なら，ラプラス変換を自力でできる．しかしながら，少し複雑になるとそうもいかない．そこで，ありとあらゆるに近いほどさまざまな関数のラプラス変換表が用意されている．もちろん，ウラ→オモテのラプラス逆変換表もある．

表3.1 ラプラスの変換表と逆変換表のほんの一部

基本的な関数のラプラス変換

	オモテ	⊃	ウラ
(1)	$f(t)$		$F(s)$
(2)	定数 a		$\dfrac{a}{s}$
(3)	$\cosh at$		$\dfrac{s}{s^2-a^2}$
(4)	$\sinh at$		$\dfrac{a}{s^2-a^2}$
(5)	$\dfrac{\partial f(t)}{\partial t}$		$sF(s)-f(0)$
(6)	$\dfrac{\partial^2 f(t)}{\partial t^2}$		$s^2F(s)-sf(0)-f'(0)$
(7)	$1-\mathrm{erf}\left(\dfrac{a}{\sqrt{4t}}\right)$		$\dfrac{1}{s}\exp(-a\sqrt{s})$

ラプラス逆変換((5)と(6)は使うことがないので省略)

	ウラ	⊂	オモテ
(1)	$F(s)$		$f(t)$
(2)	$\dfrac{a}{s}$		定数 a
(3)	$\dfrac{s}{s^2-a^2}$		$\cosh at$
(4)	$\dfrac{a}{s^2-a^2}$		$\sinh at$
(7)	$\dfrac{1}{s}\exp(-a\sqrt{s})$		$1-\mathrm{erf}\left(\dfrac{a}{\sqrt{4t}}\right)$

ラプラス変換による微分方程式の解法

　それでは，微分方程式を解いて，ラプラス変換の威力を示したい．ラプラス変換表と逆変換表の一部を抜き出してきて表3.1に示す．それでは，マニュアルに従って解いてみよう．

問題1

　t の関数 $f(t)$ について，つぎの微分方程式を解きなさい．

$$f' + \lambda f = 0 \quad \text{ただし，} \lambda > 0 \tag{3.19}$$

$$\text{初期条件：} \quad \text{at} \quad t = 0 \quad f = f_0 \tag{3.20}$$

> **問題 2**
>
> z の関数 $f(z)$ について,つぎの微分方程式を解きなさい.
>
> $$f'' - Kf = 0 \quad K > 0 \tag{3.21}$$
> 境界条件 1: at $z = 0$ $\quad f = f_0$ (3.22)
> 境界条件 2: at $z = L$ $\quad f' = 0$ (3.23)

ラプラス変換によって微分方程式を解くには,まず,ラプラス変換表を使って,オモテからウラの世界へワープする.ウラの世界での解 $F(s)$ を求める.つぎに,ウラからオモテの世界へワープする.このマニュアルに従えば,オモテの世界での解 $f(t)$ あるいは $f(z)$ が得られるという具合だ.

問題 1 の解

オモテ→ウラ

$$sF(s) - f(0) + \lambda F(s) = 0 \tag{3.24}$$

ここで,初期条件を使う.

$$sF(s) - f_0 + \lambda F(s) = 0$$
$$(s + \lambda)F(s) = f_0$$
$$F(s) = \frac{f_0}{s + \lambda} \tag{3.25}$$

ウラ→オモテ

$\dfrac{1}{s+a} \subset e^{-at}$ を使って

$$f(t) = f_0 e^{-\lambda t} \tag{3.26}$$

問題2の解

オモテ→ウラ

$$s^2 F(s) - sf(0) - f'(0) - KF(s) = 0 \tag{3.27}$$

ここで，境界条件1を使う．

$$s^2 F(s) - sf_0 - f'(0) - KF(s) = 0$$
$$(s^2 - K)F(s) = sf_0 + f'(0)$$
$$F(s) = f_0 \frac{s}{s^2 - K} + f'(0)\frac{1}{s^2 - K} \tag{3.28}$$

ウラ→オモテ

逆変換表に合うように式を変形

$$F(s) = f_0 \frac{s}{s^2 - (\sqrt{K})^2} + \frac{f'(0)}{\sqrt{K}} \frac{\sqrt{K}}{s^2 - (\sqrt{K})^2}$$
$$f(z) = f_0 \cosh \sqrt{K} z + \frac{f'(0)}{\sqrt{K}} \sinh \sqrt{K} z \tag{3.29}$$

$f'(0)$を確定するために境界条件2を利用したいので，$f(z)$を微分する．

$$f'(z) = \sqrt{K} f_0 \sinh \sqrt{K} z + f'(0) \cosh \sqrt{K} z$$

ここで，境界条件2を使う．

$$f'(L) = \sqrt{K} f_0 \sinh \sqrt{K} L + f'(0) \cosh \sqrt{K} L = 0$$
$$f'(0) = -\sqrt{K} f_0 \frac{\sinh \sqrt{K} L}{\cosh \sqrt{K} L}$$

そうして，式(3.29)に戻す．

$$\frac{f(z)}{f_0} = \cosh \sqrt{K} z - \frac{\sinh \sqrt{K} L}{\cosh \sqrt{K} L} \sinh \sqrt{K} z \tag{3.30}$$

さて，解が出たけれども，もう少し辛抱強く変形していく．$\cosh \sqrt{K} L$ で通分すると，そのとき分子は，

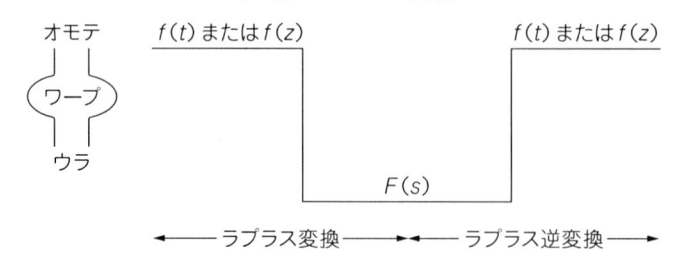

図 3.3 $f(t)$ または $f(z)$ のラプラス変換

$$\cosh\sqrt{K}L\cosh\sqrt{K}z-\sinh\sqrt{K}L\sinh\sqrt{K}z$$

これをまめに計算すると, この部分は,

$$\cosh(\sqrt{K}L-\sqrt{K}z) = \cosh[\sqrt{K}(L-z)]$$

結局, 解はつぎのように美しい形になった.

$$\frac{f(z)}{f_0} = \frac{\cosh[\sqrt{K}(L-z)]}{\cosh\sqrt{K}L} \tag{3.31}$$

問題 1 は, 時間変数 t の関数 $f(t)$ の微分方程式で, 問題 2 は空間変数 z の関数 $f(z)$ の微分方程式であった. オモテの世界ではそれぞれ t と z であるけれども, ウラの世界ではともに s の関数とした (図 3.3). $f(t)$ も $f(z)$ も変数が 1 つの微分方程式なので, 常微分方程式 (ordinary differential equation) である. 変数が 2 つ以上ある微分方程式は, 偏微分方程式 (partial differential equation) と呼ばれる. それを解くにも, ラプラス変換が適用できる場合がある. そのときには, ウラの世界を越えてウラウラの世界も登場する. このあたりのことは第 11 話で説明する.

双曲線関数の公式の証明

暗記は不要である. しかし, 自分で導出できるようになろう.

双曲線関数の公式の証明

$$\cosh \bigcirc \cosh \bullet - \sinh \bigcirc \sinh \bullet = \cosh(\bigcirc - \bullet) \qquad (3.32)$$

$$\frac{1}{2}(e^{\bigcirc}+e^{-\bigcirc})\frac{1}{2}(e^{\bullet}+e^{-\bullet}) - \frac{1}{2}(e^{\bigcirc}-e^{-\bigcirc})\frac{1}{2}(e^{\bullet}-e^{-\bullet})$$

$$= \frac{1}{4}[e^{\bigcirc+\bullet}+e^{\bigcirc-\bullet}+e^{-(\bigcirc-\bullet)}+e^{-(\bigcirc+\bullet)}]$$

$$\quad -\frac{1}{4}[e^{\bigcirc+\bullet}-e^{\bigcirc-\bullet}-e^{-(\bigcirc-\bullet)}+e^{-(\bigcirc+\bullet)}]$$

$$= \frac{1}{4}[2e^{\bigcirc-\bullet}+2e^{-(\bigcirc-\bullet)}]$$

$$= \frac{1}{2}[e^{\bigcirc-\bullet}+e^{-(\bigcirc-\bullet)}]$$

$$= \cosh[(\bigcirc-\bullet)]$$

▶▶▶第3話　演習問題（ラプラス変換）

問題 3.1　つぎの原関数をラプラス変換の定義に従って像関数にしなさい．
(1) e^{-3t}
(2) e^{5t}
(3) $\sinh 3z$
(4) $\cosh 5z$
(5) $f'''(t)$

問題 3.2　つぎの微分方程式をラプラス変換によって解きなさい．
(1) $f' = -f$
　　at $t = 0$　　$f = 3$
(2) $f'' = 2f$
　　at $z = 0$　　$f = 0$
　　at $z = 0$　　$f' = 1$
(3) $f'' = 4f$
　　at $z = 0$　　$f = 2$
　　at $z = 2$　　$f' = 0$

問題 3.3　つぎの公式を証明しなさい．
(1) $\cosh \bigcirc \cosh \bullet + \sinh \bigcirc \sinh \bullet = \cosh[(\bigcirc + \bullet)]$
(2) $\sinh \bigcirc \cosh \bullet - \cosh \bigcirc \sinh \bullet = \sinh[(\bigcirc - \bullet)]$
(3) $\sinh \bigcirc \cosh \bullet + \cosh \bigcirc \sinh \bullet = \sinh[(\bigcirc + \bullet)]$

双曲線関数の公式の証明

$$\cosh \bigcirc \cosh \bullet - \sinh \bigcirc \sinh \bullet = \cosh(\bigcirc - \bullet) \tag{3.32}$$

$$\frac{1}{2}(e^{\bigcirc}+e^{-\bigcirc})\frac{1}{2}(e^{\bullet}+e^{-\bullet}) - \frac{1}{2}(e^{\bigcirc}-e^{-\bigcirc})\frac{1}{2}(e^{\bullet}-e^{-\bullet})$$

$$= \frac{1}{4}[e^{\bigcirc+\bullet}+e^{\bigcirc-\bullet}+e^{-(\bigcirc-\bullet)}+e^{-(\bigcirc+\bullet)}]$$

$$\quad -\frac{1}{4}[e^{\bigcirc+\bullet}-e^{\bigcirc-\bullet}-e^{-(\bigcirc-\bullet)}+e^{-(\bigcirc+\bullet)}]$$

$$= \frac{1}{4}[2e^{\bigcirc-\bullet}+2e^{-(\bigcirc-\bullet)}]$$

$$= \frac{1}{2}[e^{\bigcirc-\bullet}+e^{-(\bigcirc-\bullet)}]$$

$$= \cosh[(\bigcirc-\bullet)]$$

▶▶▶第3話　演習問題（ラプラス変換）

問題 3.1 つぎの原関数をラプラス変換の定義に従って像関数にしなさい．

(1) e^{-3t}

(2) e^{5t}

(3) $\sinh 3z$

(4) $\cosh 5z$

(5) $f'''(t)$

問題 3.2 つぎの微分方程式をラプラス変換によって解きなさい．

(1) $f' = -f$
　　at　$t = 0$　　$f = 3$

(2) $f'' = 2f$
　　at　$z = 0$　　$f = 0$
　　at　$z = 0$　　$f' = 1$

(3) $f'' = 4f$
　　at　$z = 0$　　$f = 2$
　　at　$z = 2$　　$f' = 0$

問題 3.3 つぎの公式を証明しなさい．

(1) $\cosh \bigcirc \cosh \bullet + \sinh \bigcirc \sinh \bullet = \cosh[(\bigcirc + \bullet)]$

(2) $\sinh \bigcirc \cosh \bullet - \cosh \bigcirc \sinh \bullet = \sinh[(\bigcirc - \bullet)]$

(3) $\sinh \bigcirc \cosh \bullet + \cosh \bigcirc \sinh \bullet = \sinh[(\bigcirc + \bullet)]$

基礎編

第4話

フラックス

　数字の絶対値にはあまり意味がないことが多い．近頃，大学で話題になるのは受験生の数である．わが千葉大学工学部共生応用化学科も受験者の数の減少を心配している．「199人いたよ」といっても受験者数という絶対値では議論にならない．受験者数を募集人数（入学定員ともいう）で割ると，受験倍率になるわけだ．この倍率が前年度より下がると「どうしたんだ．どうしよう」と学科のみんなが右往左往するわけだ．

　テレビ番組も同様だ．番組を見た人数という絶対値ではなく，"視聴率"によって番組の評判を見る．スポンサーはそれに応じてCM料を支払う．番組の放送時間が長いと視聴率も変化するので"瞬間視聴率"という値も登場する．テレビをつけていなかった世帯も含めて100世帯あたり，1分間あたりにその番組を見ていた世帯数である．

　化学工学にも"瞬間視聴率"に相当する量がある．それがフラックス（flux）である．流"束"と訳す．読み方は同一でも流"速"ではない．時間と空間の中で流れる1秒あたり，1 m^2 あたりの質量，熱量，および運動量が，それぞれ質量流束，熱流束，および運動量流束である．質量，熱量，および運動量の単位がそれぞれ，kg, J, そして kg m/s なので，それぞれの流束の単位は，kg/(m^2 s), J/(m^2 s), そして (kg m/s)/(m^2 s) となる．質量および質量流束の単位は，それぞれ mol および mol/(m^2 s) でもよい．

　化学工学の数学の特徴の1つは，現象を定量的に解析し，材料や装置の

設計に役立てるために，自ら式を立てることである．式を立てるには原理原則が必要である．その原理が第5話に出てくるバランス（収支）であり，その原則は"拡散（diffusion）"を記述するフィックの法則（Fick's law），フーリエの法則（Fourier's law），そしてニュートンの法則（Newton's law）である．

収支をとる座標は，時間と空間，くっつけて"時空"である．その時空のある範囲を規定して，そこでの収支をとる．例えば，t から $t+\Delta t$ までの微小時間内の，x から $x+\Delta x$，y から $y+\Delta y$，z から $z+\Delta z$ という $\Delta x \Delta y \Delta z$ という微小体積内での収支をとる．おっといけない．抽象的な例になってしまった．具体的な例にしよう．

冬の研究室は，なかなか暖かくならない．なぜかというと大学では「光熱水費削減令」が布かれ，エアコンの設定温度が低めに抑えられている．ガラス窓が大きく，昼間は明るくてよいのだけれども，夜間は暖かさがガラス窓を通って逃げていく．ブラインドを下ろしても保温の役には立たない．隣の部屋や廊下とのドアを使って，学生さんが頻繁に出入りする．だからといってみんなでまとまってトイレに行くわけにもいかない．「寒いから実験をしなくていいよ」ともいえない．研究室の温度を決めるのは，ガラス窓やドア，すなわち周囲との界面である．

フラックスはそんなことを表す便利な物理量なのである．フラックス（flux）は日本語で「流束」である．「流速」の方が有名なのでワープロで

図 4.1 いろいろな"束"

変換すると，流速が先に出る．流束はその名のとおり流れる"束（たば）"というイメージである（図4.1）．この本では「流束」と「フラックス」両方とも適当に使うことにしたい．

流束の分母は「面積あたり，時間あたり」を意味する．分子には，化学工学なら，「質量（mass）」「熱量（heat）」そして「運動量（momentum）」がくる．いわゆる"マヒモ（mahemo）"である．みんな語尾に"量"がつく．単位は，それぞれ kg, J, および kg m/s である．「質量」「熱量」そして「運動量」で決まる"度合い"は，それぞれ「濃度（concentration）」「温度（temperature）」そして「速度（velocity）」となる．こちらはみんな語尾に"度"がつく．

つぎに，流束の中身を考えよう．満員電車の様子で流束をイメージしよう（図4.2）．プラットホームに電車が到着してドアが開くと，降りるお客さんがいなくなるやいなや，ホームに並んでいたお客さんが"ドヤドヤ"と車内になだれ込む．その後，脇を見ながら座席前の開いている空間に"ジワジワ"と滑り込む．このようにお客さんの移動には，全体の人の動きに乗って動くドヤドヤ移動と，人の密度の高い方から低い方へ動くジワジワ移動がある．どちらが圧倒的に大きいこともある．ドアが開いているときにはドヤドヤが主力だ．ドアが閉まって電車が動き始めたらドヤドヤはなくなり，ジワジワだけになる．こうして全体の流束（total flux）は，ドヤドヤ流束（convective flux）とジワジワ流束（diffusive flux）の和であるとわかる．

流束は，大きさ（magnitude）だけではなくて，方向（direction）ももつ．いろいろな方向へさまざまな速さで移動できるのだ．いいかえると，流束はベクトル（vector）なのである．初めのうちは，z方向での流束を考えよう．

まず，マ（mass）から始めよう．全質量流束（total mass flux）を式で表すと，A成分について，

$$N_{Az} = C_A v_z + J_{Az} \tag{4.1}$$

v_zの前に"濃度"C_A [kg/m^3] を掛けた．

(a) ドヤドヤ

(b) ジワジワ

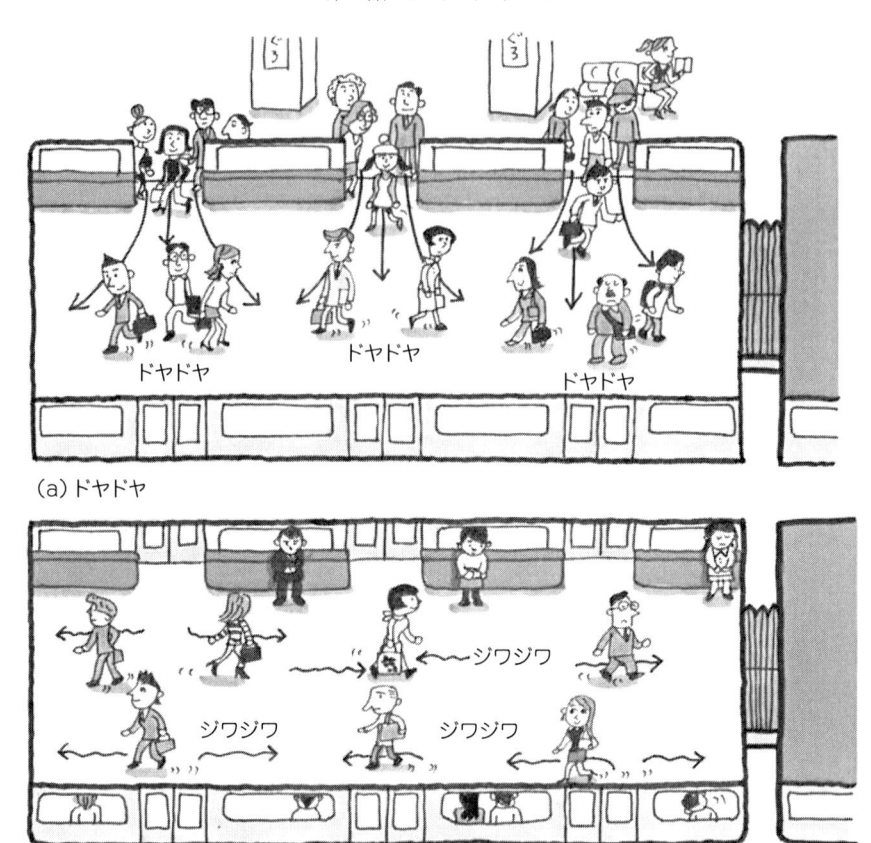

図 4.2　電車でのドヤドヤとジワジワ

つぎに，ヒ（heat）．全熱流束（total heat flux）を式で表すと，

$$H_z = \rho C_p T v_z + q_z \tag{4.2}$$

v_z の前に $\rho C_p T$ を掛けた．$\rho C_p T$ の単位を計算すると，[kg/m³] [J/(kg ℃)] [℃] = [J/m³] という"熱量濃度"になった．

さらに，モ（momentum）．全運動量流束（total momentum flux）を式で表すと，

$$M_{xz} = \rho v_x v_z + \tau_{xz} \tag{4.3}$$

v_z の前に ρv_x を掛けた．ρv_x の単位を計算すると，[kg/m³] [m/s] = [kg/(m² s)]．書きかえると，[(kg m/s)/m³] という"運動量濃度"になった．

この濃度，熱量濃度，そして運動量濃度に，z 方向の速度 v_z [m/s] を掛けると，それぞれ，

マ； $\left[\dfrac{\mathrm{kg}}{\mathrm{m}^3}\right]\left[\dfrac{\mathrm{m}}{\mathrm{s}}\right] = \left[\dfrac{\mathrm{kg}}{\mathrm{m}^2\,\mathrm{s}}\right]$

ヒ； $\left[\dfrac{\mathrm{J}}{\mathrm{m}^3}\right]\left[\dfrac{\mathrm{m}}{\mathrm{s}}\right] = \left[\dfrac{\mathrm{J}}{\mathrm{m}^2\,\mathrm{s}}\right]$

モ； $\left[\dfrac{\mathrm{kg}\dfrac{\mathrm{m}}{\mathrm{s}}}{\mathrm{m}^3}\right]\left[\dfrac{\mathrm{m}}{\mathrm{s}}\right] = \left[\dfrac{\mathrm{kg}\dfrac{\mathrm{m}}{\mathrm{s}}}{\mathrm{m}^2\,\mathrm{s}}\right]$

それぞれが濃度，熱量，そして運動量のフラックスの単位になっている．ドヤドヤ流束は，マヒモのそれぞれの濃度が全体の流れの速度に乗って移動する流束を示す．

浴槽内のジワジワ熱流束

ジワジワ流束の定式化が必要だ．ジワジワの仕組みを考える．銭湯（図 4.3）の熱い方の浴槽にはそおっと足から入り，お湯をかき回さないようにゆっくり入るだろう．まさか飛び込んで泳いだりする人はいないだろう．お湯の中に動かずにじっとしていないと熱くて長い時間入っていられない．お湯の温度は 43℃，体温は 36℃，この温度差は浴槽内にそおっと入ろうが，かき回して入ろうが変わらない．それなのに私たちの体はその違いを区別できる．お湯に触れている体の部分の単位面積，単位時間あたりの体に入ってくる熱量，すなわち熱流束を認識できるからだ．

浴槽の中で私たちの体の表面にはフィルム（film，境膜と呼ぶ）ができていて，その中では流れがない．浴槽内のお湯，すなわちバルク（bulk，

図 4.3 銭湯でのドヤドヤとジワジワ

本体と呼ぶ）の流れが入り込めない空間である．このフィルムはバルクの流れの影響を受けて，薄くなったり，厚くなったりする．お湯をかき回すと，もちろんフィルムは薄くなる．

　温度差一定でも，フィルム内の温度勾配（temperature gradient）はバルクの流れによって大きくなったり，小さくなったりする．温度勾配は，お湯の本体と私たちの体との温度差（この場合，7℃）をフィルムの厚さで割って算出される．体には凹凸があるので体の位置によってフィルムの厚さは異なるかもしれないけれども，今はその辺のばらつきは無視してフィルムは一様の厚さであるとしよう．

　熱い湯にそおっと入るとフィルムは厚く，温度勾配は小さいので，私たちは「ぽかぽか」と感じる．一方，熱いお湯をかき回しながら入るとフィルムは薄く，温度勾配は大きいので，私たちは「あっちっち」と感じる．この流れのないフィルム内での熱移動をジワジワ熱流束（diffusive heat flux）と呼ぶ．本体の流れに乗って熱が移動するドヤドヤ熱流束（convective heat flux）とは仕組みが異なる．もちろん，フィルムの厚みが変わるという意味で，ドヤドヤ熱流束はジワジワ熱流束に間接的に影響を与えている．

ジワジワ熱流束 q を式で表そう．流束は空間のどの方向も向くことができる．z 方向のジワジワ熱流束 q_z を取り上げる．まず，ベクトル q の z 成分の大きさは z 方向での温度勾配 $\Delta T / \Delta z$ に比例するので，

$$q_z \propto \frac{\Delta T}{\Delta z} \tag{4.4}$$

比例式のままでは後々不便なので，比例定数を k とおいて，

$$q_z = k \frac{\Delta T}{\Delta z} \tag{4.5}$$

と表す．ここで，k を熱伝導度（thermal conductivity）と呼ぶ．しかし，これでは未完成だ．「温度の高い方から低い方へ向いている」というジワジワ熱流束の方向を表すために，温度勾配の入っている右辺にマイナスの記号をつける．

$$q_z = -k \frac{\Delta T}{\Delta z} \tag{4.6}$$

Δz を無限小にする．ここでは z 方向だけを考えているので ∂（ラウンドと読む）という偏微分記号を使う．

$$q_z = -k \frac{\partial T}{\partial z} \tag{4.7}$$

この式をフーリエの法則と呼ぶ．もちろん，x 方向，y 方向にも同様に，

$$q_x = -k \frac{\partial T}{\partial x} \tag{4.8}$$

$$q_y = -k \frac{\partial T}{\partial y} \tag{4.9}$$

熱伝導度の単位を求める．マイナスは単位には無関係なのでとって，

$$[k] = \frac{[q_z]}{\left[\frac{\partial T}{\partial z}\right]} = \frac{\left[\frac{J}{m^2 s}\right]}{\left[°C \frac{1}{m}\right]} = \left[\frac{J}{m\, s\, °C}\right] \tag{4.10}$$

コーヒーカップ内のジワジワ質量流束

　コーヒーをブラックで飲む人，コーヒーを飲まない人には以下の話はピンとこないだろう．けれども次のように想像力を働かせてほしい．浴槽⇔コーヒーカップ，お湯⇔コーヒー，体⇔角砂糖．残念なことに，最近は角砂糖を見かけない．ドトールコーヒー店にも角砂糖はおいていない．コーヒーに入れる砂糖といえばほかに粉砂糖や液体シロップもある．けれども角砂糖を思い浮かべてほしい．

　コーヒーのたっぷり入ったコーヒーカップに角砂糖1個をポチャリと入れた（図4.4）．放っておいても角砂糖はなかなか溶けない．一方，スプーンを使ってかき回せば速く溶ける．溶ける速度というのは，角砂糖の表面から砂糖がコーヒーへ移動するときの砂糖の質量流束のことだ．砂糖の周囲にはフィルムがある．かき回さないとフィルムは厚く，濃度勾配が小さい．一方，かき回すとフィルムが薄くなって，濃度勾配は大きくなる．濃度勾配は，角砂糖の溶解度と本体濃度との差をフィルムの厚さで割って算出される．角砂糖が溶けるにつれて本体濃度は高くなるので，濃度差が減っていく．

　それでは，砂糖のジワジワ質量流束 J を式で表そう．流束は空間のどの方向も向くことができる．初めのうちは，z 方向のジワジワ質量流束 J_z を取り上げる．まず，ベクトル J の z 成分の大きさは z 方向での濃度勾配

図 4.4　コーヒーカップ内のドヤドヤとジワジワ

$\Delta C/\Delta z$ に比例するので,

$$J_z \propto \frac{\Delta C}{\Delta z} \tag{4.11}$$

比例式のままでは後々不便なので,比例定数を D とおいて,

$$J_z = D\frac{\Delta C}{\Delta z} \tag{4.12}$$

と表す.ここで,D を拡散係数(diffusivity)と呼ぶ.しかし,これでは未完成だ.「濃度の高い方から低い方へ向いている」というジワジワ質量流束の方向を表すために,濃度勾配の入っている右辺にマイナスの記号をつける.

$$J_z = -D\frac{\Delta C}{\Delta z} \tag{4.13}$$

Δz を無限小にする.ここでは z 方向だけを考えているので偏微分記号 ∂ を使う.

$$J_z = -D\frac{\partial C}{\partial z} \tag{4.14}$$

この式をフィックの法則と呼ぶ.もちろん,x 方向,y 方向にも同様に,

$$J_x = -D\frac{\partial C}{\partial x} \tag{4.15}$$

$$J_y = -D\frac{\partial C}{\partial y} \tag{4.16}$$

拡散係数の単位を求める.マイナスはとって,

$$[D] = \frac{[J_z]}{\left[\frac{\partial C}{\partial z}\right]} = \frac{\left[\frac{\mathrm{kg}}{\mathrm{m}^2\,\mathrm{s}}\right]}{\left[\frac{\mathrm{kg}}{\mathrm{m}^3}\frac{1}{\mathrm{m}}\right]} = \left[\frac{\mathrm{m}^2}{\mathrm{s}}\right] \tag{4.17}$$

流体力学でのジワジワ運動量流束

「マヒモ」のマ(mass)はコーヒーカップ,ヒ(heat)は温泉の大浴槽を例にあげた.こんどはモ(momentum)の番だ.モは機械工学の流体力学分野の話である.土木工学の水理学分野の話でもある.具体的な現象として「流しソーメン樋(とい)内でのジワジワ運動量流束」を考えよう

図 4.5 流しソーメン

（図 4.5）．流しソーメンは夏の定番である．私はテレビで流しソーメンを見たことはあるけれども，体験していない．樋の上流から下流へソーメンを流して，お客さんがお椀とお箸を持って目の前を流れていくソーメンを掬い取って食べる．その意味では目の前をベルトに乗って流れていく皿から寿司を選び取る"回転寿司"に似ている．

　ソーメンを運ぶ水の速度は，遅すぎてはイライラするし，速すぎては掬い取れない．適当な速度がいいだろう．2 cm/s としておこう．樋の径もそれほど大きくはなく 5 cm としよう．樋には昔は竹を縦に割って使っていたのだろうが，現在は節のない内面つるつるのプラスチック製としよう．こういう流れの場でのレイノルズ（Re）数（Reynolds number）を計算する．水の粘度は室温ではだいたい 1 cP（センチポアズ）＝0.01 g/（cm s）なので，

$$\mathrm{Re} = \frac{\rho u \mathrm{d}}{\mu}$$
$$= \frac{1 \times 2 \times 5}{0.01} = 1000 \tag{4.18}$$

単位を点検すると，

$$= \frac{\left[\dfrac{\mathrm{g}}{\mathrm{cm}^3}\right]\left[\dfrac{\mathrm{cm}}{\mathrm{s}}\right][\mathrm{cm}]}{\left[\dfrac{\mathrm{g}}{\mathrm{cm\,s}}\right]} = [-]$$

無次元（dimensionless）になった．この値なら層流（laminar flow）域にある．流線が乱れない．Re 数が 2100 を越えると，流線が乱れて乱流（turbulent flow）へと移る．

　ソーメンは層流の流線に沿って流れていくわけだ．この領域では粘性によって運動量の移動が起きる．ジワジワ流束が大活躍する．流体に粘り気があるために速度の速い方は遅い方に引っ張られて速度を落とす．逆に，速度の遅い方は速度を上げる．全体として一様な流れになろうとして運動量が速度の速い方から遅い方へ移っていくわけだ．マやヒの移動とは異なり，イメージが掴みにくい．そういうときにはアナロジーで切り抜けるとよい．マやヒに似ているとして真似ればよい．マヒモの間で互いに似ていることを類似な（analogous）関係と呼ぶ．

　それでは，ジワジワ運動量流束 τ_x を式で表そう．流束は空間のどの方向も向くことができる．初めのうちは，z 方向のジワジワ運動量流束 τ_{xz} を取り上げる．まず，ベクトル τ_x の z 成分の大きさは z 方向の速度勾配 $\Delta v_x/\Delta z$ に比例するので，

$$\tau_{xz} \propto \frac{\Delta v_x}{\Delta z} \tag{4.19}$$

比例式のままでは後々不便なので，比例定数を μ とおいて，

$$\tau_{xz} = \mu \frac{\Delta v_x}{\Delta z} \tag{4.20}$$

と表す．ここで，μ を粘度（viscocity）と呼ぶ．しかし，これでは未完成だ．「速度の速い方から遅い方へ向いている」というジワジワ運動量流束の方向を表すために，速度勾配の入っている右辺にマイナスの記号をつける．

$$\tau_{xz} = -\mu \frac{\Delta v_x}{\Delta z} \tag{4.21}$$

Δz を無限小にする．ここでは，z 方向だけを考えているので偏微分記号 ∂ を使う．

$$\tau_{xz} = -\mu \frac{\partial v_x}{\partial z} \tag{4.22}$$

この式をニュートンの法則と呼ぶ．もちろん，x 方向，y 方向にも同様に，

$$\tau_{xx} = -\mu \frac{\partial v_x}{\partial x} \tag{4.23}$$

$$\tau_{xy} = -\mu \frac{\partial v_x}{\partial y} \tag{4.24}$$

粘度の単位を求める．マイナスはとって，

$$[\mu] = \frac{[\tau_{xz}]}{\left[\frac{\partial v_x}{\partial z}\right]} = \frac{\left[\frac{\mathrm{kg\,m}}{\mathrm{s}} \frac{1}{\mathrm{m}^2\mathrm{s}}\right]}{\left[\frac{\mathrm{m}}{\mathrm{s}} \frac{1}{\mathrm{m}}\right]} = \left[\frac{\mathrm{kg}}{\mathrm{m\,s}}\right] \tag{4.25}$$

もう一度，フラックス

　物理量を面積と時間で割って得られるという式としてのフラックスを理解するとともに，フラックスに対するイメージをしっかりもってほしい．フラックスの成り立ちを理解することが大切だ．フラックスとは全体の流れに乗って運ばれるドヤドヤ流束（convective flux）と，物理量の勾配によって運ばれるジワジワ流束（diffusive flux）との和である．ジワジワ流束には向きがあって物理量の大きさの高い方から低い方へ移動する．ドヤドヤ流束とジワジワ流束の和が全流束（total flux）で表現されるけれども，現象によっては，一方が他方より大きくて無視できることもある．

　「マヒモ」のそれぞれに対応する物理量として，濃度，温度，そして速度がある．しかしながら，「濃度と温度」はスカラー（scalar）で，「速度」はベクトル（vector）であるという違いがある．質量や温度というスカラーから生まれる流束はベクトルであり，速度というベクトルから生まれる流束はテンソル（tensor）になる．このあたりの話の詳細は第 6 話で説明したい．

▶▶▶第4話　演習問題（フラックス）

問題 4.1　空欄を埋めなさい．
(1) $N_{Az} = C_A ($　　$) + J_{Az}$
(2) $H_z = ($　　$) T v_z + q_z$
(3) $M_{xz} = ($　　$) v_z + \tau_{xz}$

問題 4.2　つぎの式の右辺を修正しなさい．
(1) $J_{Az} = -D_A \dfrac{\partial C_A}{\partial y}$
(2) $q_y = k \dfrac{\partial T}{\partial y}$
(3) $\tau_{xz} = -\nu \dfrac{\partial v_x}{\partial z}$

問題 4.3　つぎの物理量または物性定数の単位を示しなさい．
(1) 熱流束
(2) 質量流束
(3) $\rho C_p T$
(4) ρv_x
(5) 拡散係数
(6) 熱伝導度

問題 4.4　運動量流束と圧力の単位は同一であることを示しなさい．

基礎編

第 5 話
収 支 式

収支，英語で balance という．物理，特に，力学の分野ならニュートンの法則が基本である．化学工学なら収支式が基本である．前著 2 冊，『道具としての微分方程式』と『なっとくする偏微分方程式』でさんざん，くどくどと収支式を説明しているので，この本では説明を変えてみたい．読者のみなさんにとってどちらがわかりやすいのか，私にはわからない．

バランスシート

大学祭に出かけると，サークルや留学生の仲間がテントを出して，焼きそば，クレープ，おでんなどを売っている．学園祭の終了後に，儲けの一部がサークルの会計へ入金される．サークルでは，非常時に備えて一部を銀行へ貯金として溜めておく．サークル室の整理整頓がわるかったり，どたばたと買い物をしたりして，会計に欠損が生まれることがたまにある．そして，その残りをサークル活動に出費するのである．ある期間でのサークルの会計帳簿（バランスシート）を記述する収支式はつぎのようになるだろう．

$$入金 - 留保 - 欠損 = 出金 \tag{5.1}$$

これは，私のお小遣いの収支式でもある．

速度）がある．また，変数，特に円柱座標や球座標での r がくっついた流束や物理量も f にあてはまる．例えば，

流束の例 ： $\displaystyle\lim_{\Delta z \to 0} \frac{[q_z(z+\Delta z) - q_z(z)]}{\Delta z} = \frac{\partial q_z}{\partial z}$ (5.5)

物理量の例： $\displaystyle\lim_{\Delta z \to 0} \frac{C_A(z+\Delta z) - C_A(z)}{\Delta z} = \frac{\partial C_A}{\partial z}$ (5.6)

その他の例： 円柱座標では，

$$\lim_{\Delta r \to 0} \frac{(r\tau_{zr})|_{r+\Delta r} - (r\tau_{zr})|_r}{\Delta r} = \frac{\partial (r\tau_{zr})}{\partial r} \tag{5.7}$$

球座標では，

$$\lim_{\Delta r \to 0} \frac{(r^2 J_{Ar})|_{r+\Delta r} - (r^2 J_{Ar})|_r}{\Delta r} = \frac{\partial (r^2 J_{Ar})}{\partial r} \tag{5.8}$$

この場合，$r\tau_{zr}$ や $r^2 J_{Ar}$ を1つの関数と見みなしている．

ステップ5　初期条件や境界条件を添える

　微分方程式ができたといって手放しで喜んではいられない．微分方程式を満たす解は隠れている（implicit）状態であり，このままでは私たちにとっては質の高い情報ではない．流束や物理量を明快に（explicit）計算できるようにする必要がある．それには微分方程式を解くわけだ．それには時間の関数なら初期条件，空間の関数なら境界条件が必要になる．n 階の微分方程式なら，n 個の初期条件や境界条件がいる．

物質収支の一般式（直角座標）

　直角座標系に，図5.2（p.58）のように，小さな箱を入れ込む．この箱は，x と $x+\Delta x$，y と $y+\Delta y$，そして z と $z+\Delta z$ との微小区間で囲まれている．6つの面から出入りする量，箱の中に溜まる量，箱の中で起きる反応で消失する量について収支をとる．微小時間 Δt の間に箱の中での成分 A の量について，「入溜消出」収支をとる．

第5話 収支式

㊅ :
- x 面から入る量　　$(\Delta y\Delta z)N_{Ax}|_x\,\Delta t$　　[kg-A]
- y 面から入る量　　$(\Delta z\Delta x)N_{Ay}|_y\,\Delta t$　　[kg-A]
- z 面から入る量　　$(\Delta x\Delta y)N_{Az}|_z\,\Delta t$　　[kg-A]

(5.9)

㊁ :　$(C_A|_{t+\Delta t} - C_A|_t)(\Delta x\Delta y\Delta z)$　　[kg-A]

(5.10)

㊂ :　$R_A(\Delta x\Delta y\Delta z)\Delta t$　　[kg-A]

(5.11)

㊄ :
- $x+\Delta x$ 面から出る量　　$(\Delta y\Delta z)N_{Ax}|_{x+\Delta x}\,\Delta t$　　[kg-A]
- $y+\Delta y$ 面から出る量　　$(\Delta z\Delta x)N_{Ay}|_{y+\Delta y}\,\Delta t$　　[kg-A]
- $z+\Delta z$ 面から出る量　　$(\Delta x\Delta y)N_{Az}|_{z+\Delta z}\,\Delta t$　　[kg-A]

(5.12)

全方向を足すと,

$$[(\Delta y\Delta z)N_{Ax}|_x + (\Delta z\Delta x)N_{Ay}|_y + (\Delta x\Delta y)N_{Az}|_z]\Delta t$$
$$- (C_A|_{t+\Delta t} - C_A|_t)(\Delta x\Delta y\Delta z) - R_A(\Delta x\Delta y\Delta z)\Delta t$$
$$= [(\Delta y\Delta z)N_{Ax}|_{x+\Delta x} + (\Delta z\Delta x)N_{Ay}|_{y+\Delta y} + (\Delta x\Delta y)N_{Az}|_{z+\Delta z}]\Delta t$$

(5.13)

「微分コンシャス」変形

$$-(C_A|_{t+\Delta t} - C_A|_t)(\Delta x\Delta y\Delta z) - R_A(\Delta x\Delta y\Delta z)\Delta t$$
$$= (\Delta y\Delta z)(N_{Ax}|_{x+\Delta x} - N_{Ax}|_x)\Delta t$$
$$+ (\Delta z\Delta x)(N_{Ay}|_{y+\Delta y} - N_{Ay}|_y)\Delta t$$
$$+ (\Delta x\Delta y)(N_{Az}|_{z+\Delta z} - N_{Az}|_z)\Delta t \quad (5.14)$$

微小体積 $\Delta x\Delta y\Delta z$ および微小時間 Δt で,両辺を割ると,

$$-\frac{C_A|_{t+\Delta t} - C_A|_t}{\Delta t} - R_A$$
$$= \frac{N_{Ax}|_{x+\Delta x} - N_{Ax}|_x}{\Delta x} + \frac{N_{Ay}|_{y+\Delta y} - N_{Ay}|_y}{\Delta y} + \frac{N_{Az}|_{z+\Delta z} - N_{Az}|_z}{\Delta z}$$

(5.15)

① 卵を割る　　② 炒める

③ 火を消す　　④ 皿に盛る

図 5.1　入溜消出

$$収入 - 貯蓄 - 消失 = 支出 \tag{5.2}$$

もう少し，やさしい言葉で書くと，

$$「入ってきたお金」-「溜めたお金」-「消えてなくなったお金」\\ =「使って出ていくお金」 \tag{5.3}$$

ということで，これをお経のように覚えやすくするために，「入溜消出」収支式と呼ぶ．「入りため"ご"消して出る」．読みやすくなるように"ご"を入れた．そして「炒り卵，消して出る」．覚えやすいように"ためご"を"卵"にした．図5.1に示す料理の手順をイメージして暗記してほしい．

　お金の収支を例にしたけれども，化学工学では，物質量，熱量，あるいは運動量の収支をとる．すると，それぞれ，濃度，温度，あるいは速度の分布を解析できるわけだ．

微 小 区 間

つぎに,収支をとる区間を限定しよう.一般に,"マヒモ"に対応する"濃度,温度,速度"は,時間と空間(time and space)によって決まる.関数形で記述すると,

C_A(時間, 空間),例えば,球座標なら$C_A(t, r, \theta, \phi)$
T(時間, 空間),例えば,直角座標なら$T(t, x, y, z)$
v_z(時間, 空間),例えば,円柱座標なら$v_z(t, r, \theta, z)$

この"時空"での物理量の分布およびその結果から計算される総量や平均値を求めることが,さまざまな理由から要請される.分布を知るには,微小区間に切り取って収支式を立てる.微小区間とは,例えば,時間なら$t+\Delta t$,空間なら$z+\Delta z$である.図5.2に示すように,化学工学で扱う現象を直角座標系にはめ込んで,その座標系が時間の流れに乗っているというイメージである.その微小時間,微小空間内で起きている現象を解析する.微小時間あるいは微小空間でつくった収支式は数学の言葉では"微分方程式"である.

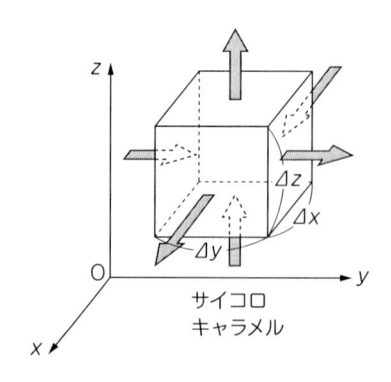

図 5.2 収支をとるためのサイコロ

第5話 収 支 式

入 :
- x 面から入る量 　$(\Delta y\Delta z)N_{Ax}|_x\,\Delta t$ 　　[kg-A]
- y 面から入る量 　$(\Delta z\Delta x)N_{Ay}|_y\,\Delta t$ 　　[kg-A]
- z 面から入る量 　$(\Delta x\Delta y)N_{Az}|_z\,\Delta t$ 　　[kg-A]

(5.9)

溜 : $(C_A|_{t+\Delta t}-C_A|_t)(\Delta x\Delta y\Delta z)$ 　　[kg-A]

(5.10)

消 : $R_A(\Delta x\Delta y\Delta z)\Delta t$ 　　[kg-A]

(5.11)

出 :
- $x+\Delta x$ 面から出る量 　$(\Delta y\Delta z)N_{Ax}|_{x+\Delta x}\,\Delta t$ 　[kg-A]
- $y+\Delta y$ 面から出る量 　$(\Delta z\Delta x)N_{Ay}|_{y+\Delta y}\,\Delta t$ 　[kg-A]
- $z+\Delta z$ 面から出る量 　$(\Delta x\Delta y)N_{Az}|_{z+\Delta z}\,\Delta t$ 　[kg-A]

(5.12)

全方向を足すと,

$$[(\Delta y\Delta z)N_{Ax}|_x+(\Delta z\Delta x)N_{Ay}|_y+(\Delta x\Delta y)N_{Az}|_z]\Delta t \\ -(C_A|_{t+\Delta t}-C_A|_t)(\Delta x\Delta y\Delta z)-R_A(\Delta x\Delta y\Delta z)\Delta t \\ =[(\Delta y\Delta z)N_{Ax}|_{x+\Delta x}+(\Delta z\Delta x)N_{Ay}|_{y+\Delta y}+(\Delta x\Delta y)N_{Az}|_{z+\Delta z}]\Delta t$$

(5.13)

「微分コンシャス」変形

$$-(C_A|_{t+\Delta t}-C_A|_t)(\Delta x\Delta y\Delta z)-R_A(\Delta x\Delta y\Delta z)\Delta t \\ =(\Delta y\Delta z)(N_{Ax}|_{x+\Delta x}-N_{Ax}|_x)\Delta t \\ +(\Delta z\Delta x)(N_{Ay}|_{y+\Delta y}-N_{Ay}|_y)\Delta t \\ +(\Delta x\Delta y)(N_{Az}|_{z+\Delta z}-N_{Az}|_z)\Delta t$$

(5.14)

微小体積 $\Delta x\Delta y\Delta z$ および微小時間 Δt で,両辺を割ると,

$$-\frac{C_A|_{t+\Delta t}-C_A|_t}{\Delta t}-R_A \\ =\frac{N_{Ax}|_{x+\Delta x}-N_{Ax}|_x}{\Delta x}+\frac{N_{Ay}|_{y+\Delta y}-N_{Ay}|_y}{\Delta y}+\frac{N_{Az}|_{z+\Delta z}-N_{Az}|_z}{\Delta z}$$

(5.15)

速度）がある．また，変数，特に円柱座標や球座標での r がくっついた流束や物理量も f にあてはまる．例えば，

流束の例：
$$\lim_{\Delta z \to 0} \frac{[q_z(z+\Delta z) - q_z(z)]}{\Delta z} = \frac{\partial q_z}{\partial z} \tag{5.5}$$

物理量の例：
$$\lim_{\Delta z \to 0} \frac{C_A(z+\Delta z) - C_A(z)}{\Delta z} = \frac{\partial C_A}{\partial z} \tag{5.6}$$

その他の例：円柱座標では，
$$\lim_{\Delta r \to 0} \frac{(r\tau_{zr})|_{r+\Delta r} - (r\tau_{zr})|_r}{\Delta r} = \frac{\partial (r\tau_{zr})}{\partial r} \tag{5.7}$$

球座標では，
$$\lim_{\Delta r \to 0} \frac{(r^2 J_{Ar})|_{r+\Delta r} - (r^2 J_{Ar})|_r}{\Delta r} = \frac{\partial (r^2 J_{Ar})}{\partial r} \tag{5.8}$$

この場合，$r\tau_{zr}$ や $r^2 J_{Ar}$ を 1 つの関数と見みなしている．

ステップ 5 初期条件や境界条件を添える

微分方程式ができたといって手放しで喜んではいられない．微分方程式を満たす解は隠れている（implicit）状態であり，このままでは私たちにとっては質の高い情報ではない．流束や物理量を明快に（explicit）計算できるようにする必要がある．それには微分方程式を解くわけだ．それには時間の関数なら初期条件，空間の関数なら境界条件が必要になる．n 階の微分方程式なら，n 個の初期条件や境界条件がいる．

物質収支の一般式（直角座標）

直角座標系に，図 5.2（p. 58）のように，小さな箱を入れ込む．この箱は，x と $x+\Delta x$，y と $y+\Delta y$，そして z と $z+\Delta z$ との微小区間で囲まれている．6 つの面から出入りする量，箱の中に溜まる量，箱の中で起きる反応で消失する量について収支をとる．微小時間 Δt の間に箱の中での成分 A の量について，「入溜消出」収支をとる．

収支式（微分方程式）を立てる5つのステップ

　時間や空間内で濃度，温度，あるいは速度の分布を解析するために，微分方程式を立てる．その手順をつぎに示す．後続の第7話から第11話では微分方程式を自らつくってから解くことになる．

> ステップ1　座標軸をつくる
> ステップ2　微小時間，微小空間で「入溜消出」収支をとる
> ステップ3　流束の中身を点検する
> ステップ4　「微分コンシャス」して変形する
> ステップ5　初期条件や境界条件を添える

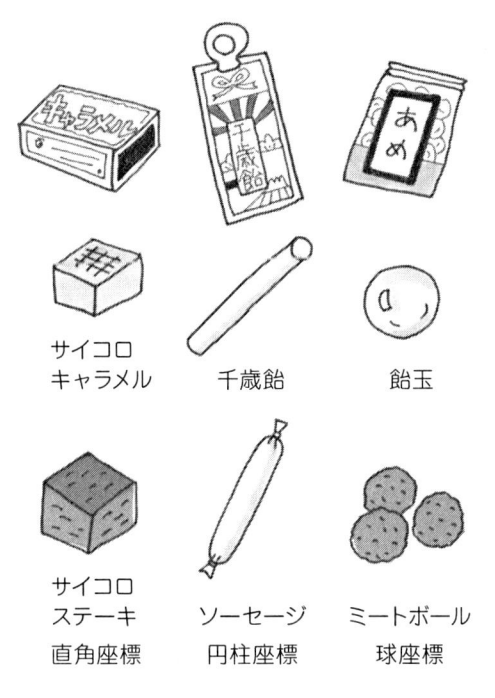

サイコロ
キャラメル　　千歳飴　　　飴玉

サイコロ
ステーキ　　ソーセージ　　ミートボール
直角座標　　円柱座標　　　球座標

図5.3　座標系は現象に合わせて自分で選ぶ

| ステップ1 |　座標軸をつくる

　私たちがよく採用する座標（coordinate system）は3つある（図5.3）．直角（rectangular）座標，円柱（cylindrical）座標，そして球（spherical）座標である．解析する対象の形状に合わせて座標を選ぶことになる．

| ステップ2 |　微小時間，微小空間で「入溜消出」収支をとる

　ここが本質的なステップだ．ドヤドヤ流束とジワジワ流束の合計である全流束を使って，収支式をつくるとよい．初めから詳細に立ち入っては，数式としてわかりにくくなるだけである．

| ステップ3 |　流束の中身を点検する

　ドヤドヤ流束とは対流（convection）に乗って運ばれる移動量を表している．気体や液体といった流体中の移動現象では，ドヤドヤ流束が主役になりやすい．一方，固体中の伝熱や多孔性材料中の物質移動では，そこに流れがないのでジワジワ流束が移動速度を支配する場が生まれる．全流束がドヤドヤ，ジワジワのどちらか一方の流束で表されるときには微分方程式はずっと解きやすくなる．

| ステップ4 |　「微分コンシャス」して変形する

　「入溜消出」も「微分コンシャス」も私の造語である．ほかの所では通用しないけれども，覚えるのに便利なので活用してほしい．微分を意識して（conscious）式を変形することを「微分コンシャス」と名づけた．この操作によって初めて微分方程式が完成する．

$$\frac{\partial f}{\partial z} = \lim_{\Delta z \to 0} \frac{f(z+\Delta z) - f(z)}{(z+\Delta z) - z}$$

$$= \lim_{\Delta z \to 0} \frac{f(z+\Delta z) - f(z)}{\Delta z} \tag{5.4}$$

これは微分の基本であるのだけれども，普段，f'という記号で微分を表示しているとこの基本を忘れてしまうので気をつけてほしい．ここで，fにあたる関数として，流束（質量，熱量，運動量）や物理量（濃度，温度，

左辺第1項と右辺の3項は，Δt, Δx, Δy, および Δz を無限小にすれば微分の定義式になるので，

$$-\frac{\partial C_A}{\partial t} - R_A = \frac{\partial N_{Ax}}{\partial x} + \frac{\partial N_{Ay}}{\partial y} + \frac{\partial N_{Az}}{\partial z} \qquad (5.16)$$

すっきりした偏微分方程式になった．右辺のマの全質量流束 N_A を

$$\begin{aligned} N_{Ax} &= C_A v_x + J_{Ax} \\ N_{Ay} &= C_A v_y + J_{Ay} \\ N_{Az} &= C_A v_z + J_{Az} \end{aligned} \qquad (5.17)$$

さらに，ジワジワ質量流束 J_A にフィックの法則

$$\begin{aligned} J_{Ax} &= -D_A \frac{\partial C_A}{\partial x} \\ J_{Ay} &= -D_A \frac{\partial C_A}{\partial y} \\ J_{Az} &= -D_A \frac{\partial C_A}{\partial z} \end{aligned} \qquad (5.18)$$

を代入すると，"すっきり" していた偏微分方程式は "ごちゃごちゃ" になっていくわけだ．

アナロジーの活用

物質収支の一般式をやっとの思いでつくった．慣れてくるとやっとの思いをしなくても，すらすらとつくれる．熱量と運動量の収支式は，アナロジー（analogy，日本語で「類似」）を理解して適用すれば，すぐに完成できる．

$$-\frac{\partial C_A}{\partial t} - R_A = \frac{\partial N_{Ax}}{\partial x} + \frac{\partial N_{Ay}}{\partial y} + \frac{\partial N_{Az}}{\partial z} \qquad (5.16)\text{の再掲}$$

ここで，C_A を $\rho C_p T$ へ，R_A を反応による熱量に（発熱時には符号をマイナスからプラスに変える），N_{Ax}, N_{Ay}, および N_{Az} をそれぞれ，H_x, H_y, および H_z に置き換えれば，熱量の収支式になる．

C_A を ρv_x へ，R_A を外部からかかる圧力に（符号をマイナスからプラス

に変える), N_{Ax}, N_{Ay}, および N_{Az} をそれぞれ, M_{xx}, M_{xy}, および M_{xz} と置き換えれば, 運動量の収支式になるわけだ. 一挙両得という言葉があるけれども, マヒモのアナロジーを使えば, 一挙三得,「1粒で3度おいしい」を味わうことができる.

　基礎方程式を見つけたら出発点まで逆戻りする習慣をつけよう. 私が大学院修士課程1年の頃, 指導教授のM先生から「1年間, 勉強しなさい」という命令が下った. それにまともに従い, 文献を朝から夕方まで読んでいた. ときどき夕方から研究室の仲間と卓球やサッカーをやった. 文献には収支式の最終形だけが出てきて, 収支のとり方の説明はなかった. 仮定はいくつか述べてあった. そんなときは遡って自分で元の収支式をつくった. そうしてようやく基礎方程式を理解した.

左辺第1項と右辺の3項は，$\Delta t, \Delta x, \Delta y,$ および Δz を無限小にすれば微分の定義式になるので，

$$-\frac{\partial C_A}{\partial t}-R_A = \frac{\partial N_{Ax}}{\partial x}+\frac{\partial N_{Ay}}{\partial y}+\frac{\partial N_{Az}}{\partial z} \qquad (5.16)$$

すっきりした偏微分方程式になった．右辺のマの全質量流束 N_A を

$$\begin{aligned}N_{Ax} &= C_A v_x + J_{Ax}\\ N_{Ay} &= C_A v_y + J_{Ay}\\ N_{Az} &= C_A v_z + J_{Az}\end{aligned} \qquad (5.17)$$

さらに，ジワジワ質量流束 J_A にフィックの法則

$$\begin{aligned}J_{Ax} &= -D_A\frac{\partial C_A}{\partial x}\\ J_{Ay} &= -D_A\frac{\partial C_A}{\partial y}\\ J_{Az} &= -D_A\frac{\partial C_A}{\partial z}\end{aligned} \qquad (5.18)$$

を代入すると，"すっきり"していた偏微分方程式は"ごちゃごちゃ"になっていくわけだ．

アナロジーの活用

物質収支の一般式をやっとの思いでつくった．慣れてくるとやっとの思いをしなくても，すらすらとつくれる．熱量と運動量の収支式は，アナロジー（analogy, 日本語で「類似」）を理解して適用すれば，すぐに完成できる．

$$-\frac{\partial C_A}{\partial t}-R_A = \frac{\partial N_{Ax}}{\partial x}+\frac{\partial N_{Ay}}{\partial y}+\frac{\partial N_{Az}}{\partial z} \qquad (5.16)\text{の再掲}$$

ここで，C_A を $\rho C_p T$ へ，R_A を反応による熱量に（発熱時には符号をマイナスからプラスに変える），$N_{Ax}, N_{Ay},$ および N_{Az} をそれぞれ，H_x, $H_y,$ および H_z に置き換えれば，熱量の収支式になる．

C_A を ρv_x へ，R_A を外部からかかる圧力に（符号をマイナスからプラス

に変える)，N_{Ax}，N_{Ay}，および N_{Az} をそれぞれ，M_{xx}，M_{xy}，および M_{xz} と置き換えれば，運動量の収支式になるわけだ．一挙両得という言葉があるけれども，マヒモのアナロジーを使えば，一挙三得，「1粒で3度おいしい」を味わうことができる．

　基礎方程式を見つけたら出発点まで逆戻りする習慣をつけよう．私が大学院修士課程1年の頃，指導教授のM先生から「1年間，勉強しなさい」という命令が下った．それにまともに従い，文献を朝から夕方まで読んでいた．ときどき夕方から研究室の仲間と卓球やサッカーをやった．文献には収支式の最終形だけが出てきて，収支のとり方の説明はなかった．仮定はいくつか述べてあった．そんなときは遡って自分で元の収支式をつくった．そうしてようやく基礎方程式を理解した．

▶▶▶第 5 話　**演習問題（収支式）**

問題 5.1　円柱座標系での物質収支式を流束表示で示しなさい．ただし，r および z 方向のみを考える．

問題 5.2　球座標系での物質収支式を流束表示で示しなさい．ただし，r 方向のみを考える．

問題 5.3　次の座標系での微小体積を計算しなさい．
（1）円柱座標
（2）球座標

基礎編

第6話
スカラーとベクトル

　化学工学の分野ではベクトル記号は少し役立つ．大きさ（magnitude）と方向（direction）とを兼ねそなえた量がベクトルである．身の回りにあるベクトルの代表は何といっても風だ．「今日は南西の風，風力2でしょう」と天気予報は伝えている（図6.1）．一方，大きさのみをもつ量をスカラーと呼ぶ．気温や湿度はスカラーだ．

図 6.1　風はベクトル，気温や湿度はスカラー

スカラーとベクトル

濃度というスカラー（scalar）からドヤドヤまたはジワジワ流束というベクトル（vector）をつくれる．スカラーは大きさだけ，ベクトルは大きさに加えて方向をもつ．速度というベクトル v は3つのスカラー（v_x, v_y, v_z）から成っている．v_x, v_y, v_z それぞれからドヤドヤまたはジワジワ流束というベクトルをつくれる．結果として速度 v から9つのスカラーをつくれる．この9つのスカラーのセットをテンソル（tensor）と呼ぶ．

これまでのところをわかりやすい表記にすると，

(濃度)
- 濃度； スカラー　　　　　　　　　　C_A
- ジワジワ質量流束； ベクトル　　　　$J_A(J_{Ax}, J_{Ay}, J_{Az})$

(温度)
- 温度； スカラー　　　　　　　　　　T
- ジワジワ熱流束； ベクトル　　　　　$q(q_x, q_y, q_z)$

(速度)
- 速度； ベクトル　　　　　　　　　　$v(v_x, v_y, v_z)$
- ジワジワ運動量流束；
  - テンソルの x 成分　　　　　　　$\tau_x(\tau_{xx}, \tau_{xy}, \tau_{xz})$
  - テンソルの y 成分　　　　　　　$\tau_y(\tau_{yx}, \tau_{yy}, \tau_{yz})$
  - テンソルの z 成分　　　　　　　$\tau_z(\tau_{zx}, \tau_{zy}, \tau_{zz})$

テンソル τ は，3×3のマトリクスで表記される．

$$\begin{pmatrix} \tau_{xx}, & \tau_{xy}, & \tau_{xz} \\ \tau_{yx}, & \tau_{yy}, & \tau_{yz} \\ \tau_{zx}, & \tau_{zy}, & \tau_{zz} \end{pmatrix}$$

物質収支式のベクトル表記

第5話で，成分 A について収支式を導出した．

$$-\frac{\partial C_A}{\partial t} - R_A = \frac{\partial N_{Ax}}{\partial x} + \frac{\partial N_{Ay}}{\partial y} + \frac{\partial N_{Az}}{\partial z} \quad (6.1), (5.16) \text{ の再掲}$$

全質量流束をドヤドヤ流束とジワジワ流束との和で表して,

$$-\frac{\partial C_A}{\partial t} - R_A = \frac{\partial\left(C_A v_x - D_A \frac{\partial C_A}{\partial x}\right)}{\partial x}$$

$$+ \frac{\partial\left(C_A v_y - D_A \frac{\partial C_A}{\partial y}\right)}{\partial y}$$

$$+ \frac{\partial\left(C_A v_z - D_A \frac{\partial C_A}{\partial z}\right)}{\partial z} \quad (6.2)$$

右辺をさらに分解していく. 積の微分の公式

$$(fg)' = f'g + fg' \quad (6.3)$$

に従って,

$$= \frac{\partial C_A}{\partial x} v_x + C_A \frac{\partial v_x}{\partial x} - \frac{\partial D_A}{\partial x} \frac{\partial C_A}{\partial x} - D_A \frac{\partial^2 C_A}{\partial x^2}$$

$$+ \frac{\partial C_A}{\partial y} v_y + C_A \frac{\partial v_y}{\partial y} - \frac{\partial D_A}{\partial y} \frac{\partial C_A}{\partial y} - D_A \frac{\partial^2 C_A}{\partial y^2}$$

$$+ \frac{\partial C_A}{\partial z} v_z + C_A \frac{\partial v_z}{\partial z} - \frac{\partial D_A}{\partial z} \frac{\partial C_A}{\partial z} - D_A \frac{\partial^2 C_A}{\partial z^2} \quad (6.4)$$

空間が均質で異方性がないなら, 拡散係数 D_A は一定値である. それで, $\partial D_A/\partial x$, $\partial D_A/\partial y$, $\partial D_A/\partial z$ はゼロとなる.

$$= \frac{\partial C_A}{\partial x} v_x + C_A \frac{\partial v_x}{\partial x} - D_A \frac{\partial^2 C_A}{\partial x^2}$$

$$+ \frac{\partial C_A}{\partial y} v_y + C_A \frac{\partial v_y}{\partial y} - D_A \frac{\partial^2 C_A}{\partial y^2}$$

$$+ \frac{\partial C_A}{\partial z} v_z + C_A \frac{\partial v_z}{\partial z} - D_A \frac{\partial^2 C_A}{\partial z^2} \quad (6.5)$$

C_A を求めたいわけだから, 微分方程式をこのように分解していく. しかしながら, 式の物理的な意味を理解するには濃度や速度表示より, 流束

さて，流束表示の物質収支式をベクトル表記すると，

$$-\frac{\partial C_A}{\partial t} - R_A = \nabla \cdot \boldsymbol{N}_A \tag{6.6}$$

なんとこれが物質収支の一般式なのである．ベクトルの記号を使うと長い式も短くて済む．省エネ，省スペースの表記法である．ここで，記号∇はナブラ（nabla）と呼ばれていて，"たてごと"の形をしていることがその名の由来である．∇は grad（gradient，日本語では"勾配"と呼ぶ）とも表記する．

右辺の $\nabla \cdot \boldsymbol{N}_A$ は，∇いうベクトルと $\boldsymbol{N}_A$ というベクトルの内積（inner product）またはドット積（dot product）を表している．ドットはベクトルとベクトルの間にある"中ポツ"のことだ．2つのベクトル $\boldsymbol{a}$ とベクトル $\boldsymbol{b}$ について，

$$\boldsymbol{a}(a_x, a_y, a_z) \tag{6.7}$$

$$\boldsymbol{b}(b_x, b_y, b_z) \tag{6.8}$$

内積は，

$$\boldsymbol{a} \cdot \boldsymbol{b} = a_x b_x + a_y b_y + a_z b_z \tag{6.9}$$

のように，各成分を掛けて，その和である．そういうわけで，

$$\nabla = \left(\frac{\partial}{\partial x}, \frac{\partial}{\partial y}, \frac{\partial}{\partial z}\right) \tag{6.10}$$

$$\boldsymbol{N}_A = (N_{Ax}, N_{Ay}, N_{Az}) \tag{6.11}$$

の内積は，

$$\nabla \cdot \boldsymbol{N}_A = \frac{\partial N_{Ax}}{\partial x} + \frac{\partial N_{Ay}}{\partial y} + \frac{\partial N_{Az}}{\partial z} \tag{6.12}$$

ベクトルの内積によってスカラー量が生じる．収支式の左辺がスカラー量なので，スカラー量になっていないと等号が成立しない．なお，この式を

$$\nabla \cdot \boldsymbol{N}_A = \text{div } \boldsymbol{N}_A \tag{6.13}$$

$$-\frac{\partial C_A}{\partial t} - R_A = \text{div } \boldsymbol{N}_A \tag{6.14}$$

と表記することもある．この div というのは divergence（日本語では"発散"と呼ぶ）の略である．「入溜消出」収支式でいうと，

$$㊁ - ㊀ - ㊂ = ㊃ \tag{6.15}$$

左辺の ㊁ を右辺に移項した式

$$- ㊀ - ㊂ = ㊃ - ㊁ \tag{6.16}$$

この ㊃ － ㊁ が"発散"div の正体である．出た量から入った量を引いて残る量は，微小空間からまさに"発して散らばって出ていった"量である．したがって，

$$\text{div } \boldsymbol{N}_A = 0 \tag{6.17}$$

は，㊀ も ㊂ もゼロなので，定常で反応のない，㊃ と ㊁ の等しい波風のたっていない現象を表す式である．

ジワジワ流束のベクトル表記

ジワジワ流束を記述する 3 人の偉人の名前のついた法則，マヒモの順に，フィックの法則（Fick's law），フーリエの法則（Fourier's law），そしてニュートンの法則（Newton's law）をベクトル記号 ∇ または grad を使って表すと，

㊥度
$$\boldsymbol{J}_A = -D_A \nabla C_A \text{ または} -D_A \text{ grad } C_A \tag{6.18}$$
㊨度
$$\boldsymbol{q} = -k \nabla T \text{ または} -k \text{ grad } T \tag{6.19}$$

㊤速度

$$\tau_x = -\mu \nabla v_x \ \text{または} -\mu \, \text{grad} \, v_x$$
$$\tau_y = -\mu \nabla v_y \ \text{または} -\mu \, \text{grad} \, v_y \quad (6.20)$$
$$\tau_z = -\mu \nabla v_z \ \text{または} -\mu \, \text{grad} \, v_z$$

∇ や grad は，直後のスカラー量を"ベクトル化"する記号である．例えば，濃度は ∇ によってベクトル化，すなわち大きさと方向を与えられる．濃度の高い方から低い方へ，ジワジワと物質が移動する．マイナスのついた濃度勾配（$-\nabla C$）に従って拡散輸送されるわけだ．

ドヤドヤ流束のベクトル表記

ドヤドヤ流束は，流れに乗って移動するので，ベクトル表示すると，マヒモについて，それぞれ，

㊤濃度
$$C_A \boldsymbol{v} = (C_A v_x, \ C_A v_y, \ C_A v_z) \quad (6.21)$$
㊤温度
$$\rho C_p T \boldsymbol{v} = (\rho C_p T v_x, \ \rho C_p T v_y, \ \rho C_p T v_z) \quad (6.22)$$
㊤速度
$$\rho v_x \boldsymbol{v} = (\rho v_x v_x, \ \rho v_x v_y, \ \rho v_x v_z)$$
$$\rho v_y \boldsymbol{v} = (\rho v_y v_x, \ \rho v_y v_y, \ \rho v_y v_z) \quad (6.23)$$
$$\rho v_z \boldsymbol{v} = (\rho v_z v_x, \ \rho v_z v_y, \ \rho v_z v_z)$$

$\boldsymbol{v}$ の前にあるスカラー量の単位を計算すると，

$C_A \qquad\qquad \left[\dfrac{\text{kg}}{\text{m}^3}\right]$

$\rho C_p T \qquad\quad \left[\dfrac{\text{kg}}{\text{m}^3}\right]\left[\dfrac{\text{J}}{\text{kg °C}}\right][\text{°C}] = \left[\dfrac{\text{J}}{\text{m}^3}\right]$

$\rho v_x, \ \rho v_y, \ \rho v_z \quad \left[\dfrac{\text{kg}}{\text{m}^3}\right]\left[\dfrac{\text{m}}{\text{s}}\right] = \left[\dfrac{\text{kg m/s}}{\text{m}^3}\right]$

それぞれ，濃度，"熱量濃度"，"運動量濃度"となっている．これらの濃度が速度ベクトル v に乗って輸送される．それがドヤドヤ輸送である．

再び，物質収支式

全質量流束 N_A を

$$N_A = C_A v + J_A \tag{6.24}$$

をベクトル表記の"流束表示型"物質収支の一般式に代入する．

$$-\frac{\partial C_A}{\partial t} - R_A = \nabla \cdot N_A \qquad (6.6) \text{ の再掲}$$

右辺だけ取り出して，

$$\begin{aligned}
\nabla \cdot N_A &= \nabla \cdot (C_A v + J_A) \tag{6.25} \\
&= \nabla \cdot (C_A v) + \nabla \cdot J_A \\
&= \nabla \cdot (C_A v) + \nabla \cdot (-D_A \nabla C_A) \\
&= \nabla C_A \cdot v + C_A \nabla \cdot v - \nabla D_A \cdot \nabla C_A - D_A \nabla \cdot \nabla C_A \\
&= \nabla C_A \cdot v + C_A \nabla \cdot v - \nabla D_A \cdot \nabla C_A - D_A \nabla^2 C_A \tag{6.26}
\end{aligned}$$

これが，ベクトル表記による"濃度表示型"物質収支の一般式である．ここで，

$$\begin{aligned}
\nabla \cdot \nabla C_A &= \nabla^2 C_A \\
&= \frac{\partial^2 C_A}{\partial x^2} + \frac{\partial^2 C_A}{\partial y^2} + \frac{\partial^2 C_A}{\partial z^2} \tag{6.27}
\end{aligned}$$

である．なお，∇^2 には，ラプラシアン（Laplacian）という名前がついている．

空間が均質で異方性がないなら，$\nabla D_A = 0$ である．すると，式(6.26)は

$$\nabla N_A = \nabla C_A \cdot v + C_A \nabla \cdot v - D_A \nabla^2 C_A \tag{6.28}$$

式(6.5)のベクトル表示である．

▶▶▶第6話　演習問題（スカラーとベクトル）

問題 6.1　つぎの量の次元を記しなさい．
(1) ∇
(2) ∇^2
(3) grad
(4) grad T
(5) div
(6) div $\boldsymbol{N}_A$

問題 6.2　つぎの式を証明しなさい．
(1) $\nabla \cdot (C_A \boldsymbol{v}) = \nabla C_A \cdot \boldsymbol{v} + C_A \nabla \cdot \boldsymbol{v}$
(2) $\nabla \cdot (-D_A \nabla C_A) = -\nabla D_A \cdot \nabla C_A - D_A \nabla \cdot \nabla C_A$

問題 6.3　div $\boldsymbol{N}_A = 0$ から，つぎの微分方程式を導出できるとき，仮定を2つ述べなさい．

$$\frac{\partial^2 C_A}{\partial x^2} + \frac{\partial^2 C_A}{\partial y^2} + \frac{\partial^2 C_A}{\partial z^2} = 0$$

応用編：直感的解法

第 7 話
1階常微分方程式
バッチとフロー反応器（マ）

問題1

現象1

容積 V の撹拌槽内で，流体中の成分 A が反応により，その濃度が減っていく．濃度 C_A を時間によって表しなさい．ここで，つぎの2つの仮定をおく．

仮定

(1) 成分 A の濃度は槽内で均一である
(2) 反応速度はつぎの式で表される

$$R_A \ \left[\frac{\text{kg-}A}{\text{m}^3\text{s}}\right] = -k_1 C_A \tag{7.1}$$

問題2

現象2

半径 R の管状反応器内で，流体が移動しながら，流体中の成分 B が反応により，その濃度が減っていく．濃度 C_B を管入口からの距離 z によって表しなさい．ここでつぎの3つの仮定をおく．

仮定

(1) C_B は時間が経っても変化しない．すなわち，定常状態である
(2) 反応速度はつぎの式で表される

$$R_B \left[\frac{\text{kg-}B}{\text{m}^2\,\text{s}}\right] = -k_1 C_B \tag{7.2}$$

(3) 流速 u [m/s] は管の断面方向に均一である

生理学や生化学の分野から見ると大雑把な話だけれども，化学工学に登場する2つの極端な反応器の形式を胃袋および腸管反応器と名づけて紹介する．

胃袋反応器

私たちの体の中には2つのタイプの反応器がある．胃と腸である（図7.1）．胃では閉じた袋の中で反応が起きる．食道を通って胃の入口から胃袋の中へ固液混合物が供給される．このとき，胃の出口は閉じている．消化（digestion）の反応が終わると，胃の出口が開いて内容物は腸へ移送される．

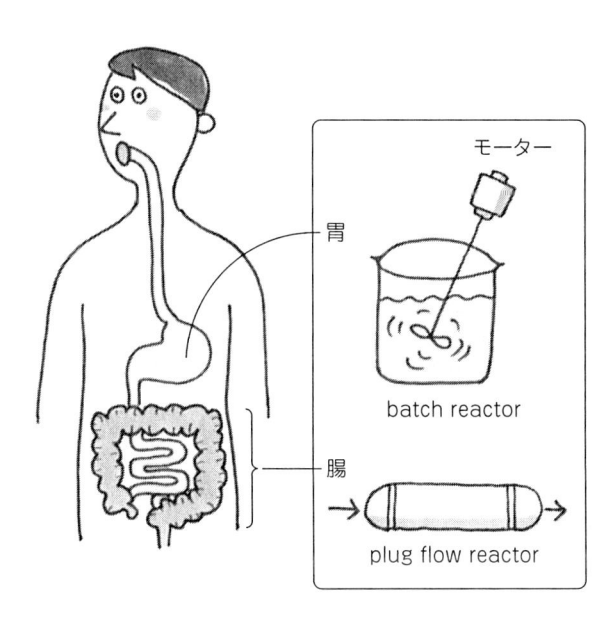

図7.1 体の中にある2つの型の反応器

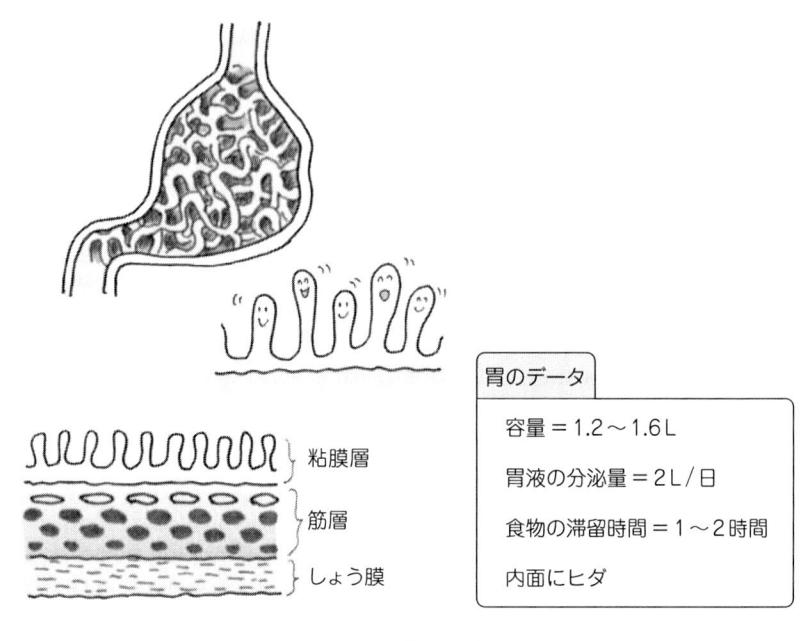

図 7.2　胃袋と胃壁

胃のデータ
容量 = 1.2〜1.6 L
胃液の分泌量 = 2 L/日
食物の滞留時間 = 1〜2時間
内面にヒダ

粘膜層
筋層
しょう膜

　私たちは，のべつまくなしに食べているわけではない．間食をしなければ，胃袋は，朝，昼，そして夕食というそれぞれ1回分を消化するのである．消化反応の触媒であるペプシンという名のタンパク質向けの消化酵素が胃壁から分泌，供給される．胃は反応の間，活発に動くので，胃袋内の固液混合物は十分に混ぜられる．食物中のタンパク質の加水分解反応，すなわち消化が始まる．消化がある程度終わると内容物は腸へ移送される．
　そこで，この胃袋という消化用の反応器をモデリングしよう（図7.2）．ここで，タンパク質のうち，消化を受ける成分の1つを成分Aとしよう．胃袋がよく動くので，胃袋の中でタンパク質濃度はどこをとっても（入口も出口付近も）均一であると仮定してよさそうだ．1回の消化の間，入ってくるモノと出ていくモノはない．胃袋内で成分Aの濃度は時間が経つと減っていく．こういう1つの理想的な反応器の形式を"完全混合槽"と呼ぶ．

胃袋での物質収支式

消化を受ける成分 A の濃度を C_A [kg-A/m^3] とすると，C_A は胃袋で反応が開始してからの時間によって決まる．C_A は時間 t の関数である．そこで t と $t+\Delta t$ との間，すなわち微小時間内で成分 A の物質収支をとる．

㊤： ゼロ (7.3)

㊥： $V(C_A|_{t+\Delta t} - C_A|_t)$ [kg-A] (7.4)

㊨： $(k_1 C_A) V \Delta t$ [kg-A] (7.5)

㊧： ゼロ (7.6)

ここで，V は胃袋内の固液混合物の体積 [m^3]，k_1 は 1 次反応速度定数 [1/s] である．消化反応を 1 次反応と見なした．「入溜消出」収支式をつくると，

$$0 - V(C_A|_{t+\Delta t} - C_A|_t) - (k_1 C_A) V \Delta t = 0 \tag{7.7}$$

「微分コンシャス」両辺を微小時間 Δt で割って変形する．

$$-\frac{C_A|_{t+\Delta t} - C_A|_t}{\Delta t} - k_1 C_A = 0 \tag{7.8}$$

$\Delta t \to 0$ とすれば左辺第 1 項は時間 t についての微分の定義式なので，

$$\frac{dC_A}{dt} = -k_1 C_A \tag{7.9}$$

成分 A の濃度の時間変化を決定する微分方程式ができた．

腸管反応器

腸は腸管というだけあって，小腸は約 6 m という長さがある．胃の中で一定時間，食べたモノの消化が進むと，こんどは小腸へ供給される．その固液混合物は腸の運動によって先へ先へと移送される．腸管内で腸壁から分泌された酵素に助けられてさらに消化され，ブドウ糖，アミノ酸，あるいは脂肪酸という総称で呼ばれる最終分解物は腸壁をつくる柔突起から

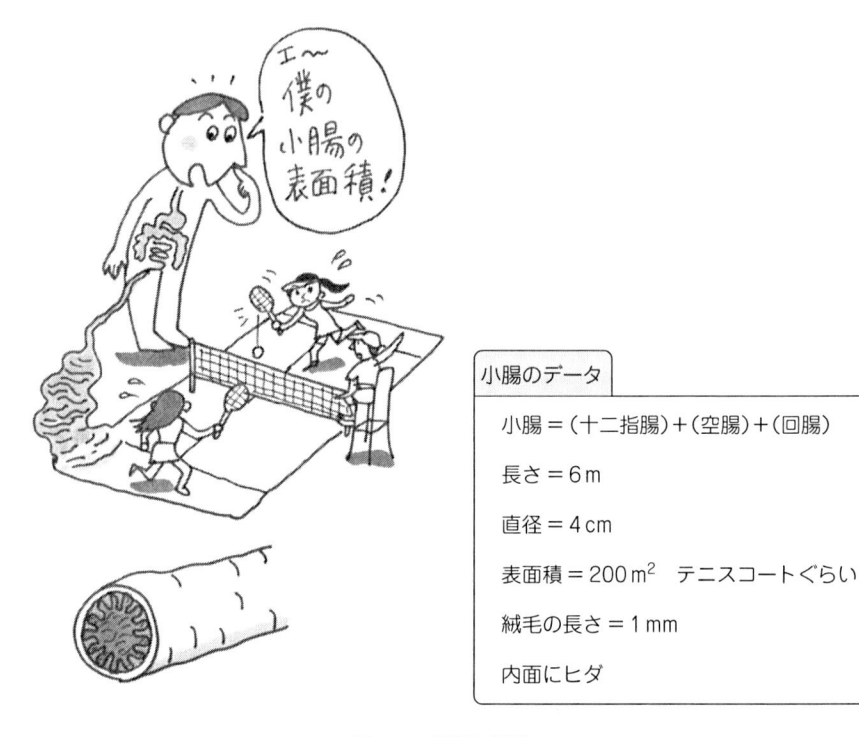

図 7.3 腸管と腸壁

吸収される（図 7.3）．

そこで，この腸管という消化用の反応器をモデリングしよう．ここで，例えば，脂肪のうち，消化を受ける成分の 1 つを成分 B としよう．腸管内の成分 B の濃度は腸管の入口からの距離が増すと減っていく．腸の運動は安定していて一定の速度でモノが移送される．簡単のため，管の半径方向には，濃度の分布も速度の分布もないとしよう．管に栓が詰まってそのまま押し出されて進んでいくイメージをもってほしい．こういう 1 つの理想的な反応器を"栓流反応器（plug flow reactor）"と呼ぶ．

胃からの消化物は 1 回分として腸に供給される．胃が"非定常"で，腸が"定常"というのも話が合わない．正確にいうと連続していないけれども連携している．あまり複雑に考えないでおくとしよう．そうでないと現象が式に乗らない．

腸での物質収支式

消化を受ける成分 B の濃度を C_B [kg-B/m^3] とすると，C_B は腸管に入ってから先に進んだ距離によって決まる．C_B は距離 z の関数である．腸管の入口からの距離（ここでは z とする）が増すとそれだけ腸内に固液混合物が滞留している時間が長くなるので消化が進む．そこで，z と $z+\Delta z$ との間，すなわち微小区間内で成分 B の物質収支をとる．腸の断面積を S [m^2]，流速を u [m/s] とする．C_B は腸管入口からの距離によって決まるので，時間では変わらない，すなわち定常であるとする．

$$ ㊂ : \quad uSC_B|_z \quad \left[\frac{\text{kg-}B}{\text{s}}\right] \tag{7.10}$$

$$ ㊐ : \quad \text{ゼロ} \tag{7.11}$$

$$ ㊊ : \quad (k_1 C_B) S \Delta z \quad \left[\frac{\text{kg-}B}{\text{s}}\right] \tag{7.12}$$

$$ ㊄ : \quad uSC_B|_{z+\Delta z} \quad \left[\frac{\text{kg-}B}{\text{s}}\right] \tag{7.13}$$

「入溜消出」収支式をつくると，

$$ uSC_B|_z - 0 - (k_1 C_B) S \Delta z = uSC_B|_{z+\Delta z} \tag{7.14}$$

「微分コンシャス」両辺を微小体積 $S\Delta z$ で割って変形する．

$$ -k_1 C_B = \frac{u(C_B|_{z+\Delta z} - C_B|_z)}{\Delta z} \tag{7.15}$$

$\Delta z \to 0$ とすれば右辺に距離 z についての微分の定義式が入っている．

$$ u\frac{dC_B}{dz} = -k_1 C_B \tag{7.16}$$

成分 B の濃度の距離による変化を決定する微分方程式ができた．ここで，左辺を，

$$ \frac{dC_B}{d(z/u)} \tag{7.17}$$

と変形する．z/u は（移動した距離）/（流速）のことだから，腸内での滞留時間（residence time）である．それで，$z/u = t$ とおくと，この式は胃袋反応器の物質収支式(7.9)とよく似た式になる．

胃腸での初期条件と境界条件

これまでのところをまとめると，

胃： $\dfrac{dC_A}{dt} = -k_1 C_A$　　　　　　　　　　　　(7.9) の再掲

腸： $\dfrac{dC_B}{dz} = -\dfrac{k_1}{u} C_B$　　　　　　　　　　　(7.18)

胃袋の中のタンパク質濃度 C_A は時間の関数だから，これを解くためには初期条件（IC, initial condition）がいる．1階の微分方程式なので1つでよい．

初期条件： at　$t = 0$　　$C_A = C_{A0}$　　　　(7.19)

一方，腸管の中の脂肪濃度 C_B は距離の関数だから，これを解くためには境界条件（BC, boundary condition）がいる．1階の微分方程式なのでこれも1つでよい．

境界条件： at　$z = 0$　　$C_B = C_{B0}$　　　　(7.20)

1階の常微分方程式の解法

胃袋での成分 A の物質収支式

$\dfrac{dC_A}{dt} = -k_1 C_A$　　　　　　　　　　　　(7.9) の再掲

関数 C_A を時間 t で微分して，その関数に定数 $-k_1$ が掛かってくるのだから，

$C_A = C\, e^{-k_1 t}$　　　　　　　　　　　　　(7.21)

初期条件を使うと，$C = C_{A0}$ と決まる．そこで，解は

$$C_A = C_{A0}\, e^{-k_1 t} \tag{7.22}$$

同様に，腸管での成分 B の物質収支式

$$\frac{dC_B}{dz} = -\frac{k_1}{u} C_B \qquad (7.18)\text{の再掲}$$

関数 C_B を距離 z で微分して，その関数に定数 $-(k_1/u)$ が掛かってくるのだから，

$$C_B = C\, e^{-\frac{k_1}{u} z} \tag{7.23}$$

境界条件を使うと，$C = C_{B0}$ と決まる．そこで，解は

$$C_B = C_{B0}\, e^{-\frac{k_1}{u} z} \tag{7.24}$$

このように直感的に微分方程式を解くことができる．もちろんラプラス変換によって解くこともできるけれども，それほどたいへんな微分方程式ではない．

変数分離法による解法

微分の分数を別々に扱って解くこともできる．

$$\frac{dC_A}{dt} = -k_1 C_A \qquad (7.9)\text{の再掲}$$

$$\frac{1}{C_A}\, dC_A = -k_1 dt \tag{7.25}$$

$$[\ln C_A]_{C_{A0}}^{C_A} = -k_1 [dt]_0^t \tag{7.26}$$

$$\ln \frac{C_A}{C_{A0}} = -k_1 t \tag{7.27}$$

これで，同一の解に辿りついた．

半　減　期

胃袋の中でよく撹拌されている成分 A の濃度 C_A の時間変化を表す解は

指数関数なので，理論の上では，時間がいくら経っても濃度はゼロにはならない．そこで，減衰の速さの目安となるように，濃度が半分になるまでの時間を定義し，半減期（half life）$t_{1/2}$ と呼んでいる．

$$C_A = C_{A0}\, e^{-k_1 t} \qquad (7.22)\text{の再掲}$$

に $t = t_{1/2}$ のとき，$C_A = C_{A0}/2$ を代入して，

$$\frac{C_{A0}}{2} = C_{A0}\, e^{-k_1 t_{1/2}} \qquad (7.28)$$

両辺で ln をとると，

$$\ln \frac{1}{2} = -k_1 t_{1/2}$$

$$t_{1/2} = \frac{\ln 2}{k_1} \qquad (7.29)$$

同様に，腸管での成分 B の濃度 C_B の"半減距離"$z_{1/2}$ を定義すると，

$$z_{1/2} = \frac{\ln 2}{\dfrac{k_1}{u}} \qquad (7.30)$$

問題 1 の答え

微分方程式と初期条件

$$\frac{dC_A}{dt} = -k_1 C_A$$

初期条件： at $t = 0$ $C = C_{A0}$

解 $C_A = C_{A0}\, e^{-k_1 t}$

問題 2 の答え

微分方程式と境界条件

$$\frac{dC_B}{dz} = -\frac{k_1}{u} C_B$$

境界条件： at $z = 0$ $C = C_{B0}$

解 $C_B = C_{B0}\, e^{-\frac{k_1}{u} z}$

▶▶▶第7話　演習問題
（1階常微分方程式　バッチとフロー反応器（マ））

問題 7.1　酵素反応の真の速度式であるミカエリス-メンテン（Michaelis-Menten）式

$$v = \frac{V_{\max} C}{K_m + C}$$

ここで，$V_{\max}$ および K_m は，それぞれ最大反応速度，ミカエリス定数である．

(1) $K_m \ll C$ のとき，$v = V_{\max}$

(2) $K_m \gg C$ のとき，$v = \dfrac{V_{\max} C}{K_m}$

であることを示しなさい．

問題 7.2　完全混合槽内で反応が起きている．その真の反応速度が次式で表されるとき，濃度の時間変化 $C_A(t)$ を求めなさい．

(1) $R_A = k_0$　　（0次反応）

(2) $R_A = k_2 C_A^2$　（2次反応）

問題 7.3　0次反応，2次反応，それぞれについて，半減期 $t_{1/2}$ を計算しなさい．

問題 7.4　完全混合槽中にごく少量の難溶性塩を溶かした．その溶解速度を表す式を導出しなさい．ただし，つぎの仮定をおく．

(1) 境膜物質移動係数 k_f は一定である

(2) 難溶性塩の全表面積 A は一定である

(3) 飽和濃度は C_s である

応用編：直感的解法

第 8 話

2階常微分方程式
直角座標，フィン内の伝熱（ヒ）

現象と仮定

パイプから円柱状のフィンが図 8.1 に示すように突き出ている．フィンの長さ，半径は，それぞれ L, R である．つぎの仮定をおいた．

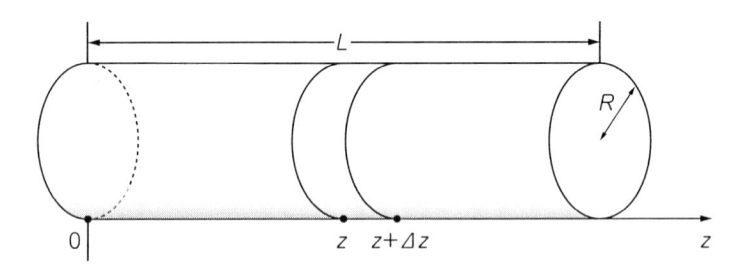

図 8.1 円柱座標 z 方向の微小区間

(1) 使用温度範囲で，フィンの熱伝導度 k は一定である
(2) フィン表面からの外気への単位面積あたりの熱放出はつぎの式で表される

$$h(T-T_a) \quad \left[\frac{\text{J}}{\text{m}^2\text{s}}\right] \tag{8.1}$$

ここで，h および T_a は，熱伝達係数 [J/(m²s℃)] および外気の温度であり，ともに一定値である

(3) フィンの長さ方向の温度分布は時間が経っても変化しない．すなわち，定常状態である
(4) フィンの断面方向に温度は均一である
(5) フィンの根元の温度は $T = T_0$ で一定である
(6) フィンの先端部での熱流束はゼロである

問題
(1) フィンの長さ方向の温度分布を求めなさい．
(2) フィンの伝熱効率を求めなさい．

「青海チベット鉄道」の熱棒のフィン

　世界の屋根を走る「青海チベット鉄道（青蔵鉄道）」の敷設工事での工夫の1つに，「熱棒」がある．凍土に敷かれた線路の脇に，金属の棒がたくさん突き刺さっている．地中5 m，地上2 mだそうだ．この棒の中は空洞になっていて，そこにアンモニア水が入っている．地中の熱によって，棒の地中部の空洞内でアンモニアを気化させる．これによって地中の熱が奪われる．アンモニアガスは空洞内を上昇していき，地上部で冷やされ液化する．この仕組みにより，地中の熱を地上で逃がすわけだ．レールの敷いてある凍土の温度変化を最小限にとどめようとする技術である．レールが安定しているから青海チベット列車は安全に走行できるわけだ．

　この熱棒には，図8.2に示すように，たくさんのフィン（fin）がついている．伝熱面積を増やすためである．フィンの根元（棒への取りつけ部）から先端まで温度がほぼ一様になっている方が伝熱効率がよい．フィンの材質や長さを決めるには，伝熱現象の解析とそれに基づいた設計が必要だ．フィン内の温度分布を理論的に知るには微分方程式をつくって解くしかない．

図 8.2 青海チベット鉄道の熱棒

微分方程式をつくる手順

時間や空間内で濃度，温度，あるいは速度の分布を解析するために，微分方程式をまず立てる．その手順をつぎに示す．

> ステップ1　座標軸をつくる
> ステップ2　微小時間，微小空間で「入溜消出」する
> ステップ3　流束の中身を点検する
> ステップ4　「微分コンシャス」して変形する
> ステップ5　初期条件や境界条件を添える

$$㋑: \quad \pi R^2 q_z|_z \qquad \left[\frac{\text{J}}{\text{s}}\right] \tag{8.2}$$

$$㋠: \quad \text{ゼロ} \tag{8.3}$$

微分方程式をつくる手順

㊝： $2\pi R\, \Delta z\, h(T-T_a) \quad \left[\dfrac{\text{J}}{\text{s}}\right]$ (8.4)

㊥： $\pi R^2 q_z|_{z+\Delta z} \quad \left[\dfrac{\text{J}}{\text{s}}\right]$ (8.5)

ここで，h は熱伝達係数，T_a は周囲の温度であり，両方とも一定値であるとする．

フィン内の微小区間（図 8.1）z と $z+\Delta z$ で，「入溜消出」収支式をつくると，

$$\pi R^2 q_z|_z - 0 - 2\pi R\, \Delta z\, h(T-T_a) = \pi R^2 q_z|_{z+\Delta z} \tag{8.6}$$

「微分コンシャス」微小体積 $\pi R^2 \Delta z$ で割って，Δz を無限小にする．

$$-2\pi R\, \Delta z\, h(T-T_a) = \pi R^2 (q_z|_{z+\Delta z} - q_z|_z) \tag{8.7}$$

$$-\dfrac{2h}{R}(T-T_a) = \dfrac{q_z|_{z+\Delta z} - q_z|_z}{\Delta z} \tag{8.8}$$

$$-\dfrac{2h}{R}(T-T_a) = \dfrac{\partial q_z}{\partial z} \tag{8.9}$$

ここで，ジワジワ熱流束 q_z についてフーリエの法則（Fourie's law）を代入する．

$$-\dfrac{2h}{R}(T-T_a) = \dfrac{\partial q_z}{\partial z} = \dfrac{\partial \left(-k\dfrac{\partial T}{\partial z}\right)}{\partial z} \tag{8.10}$$

$$\dfrac{\partial^2 T}{\partial z^2} = \dfrac{2h}{Rk}(T-T_a) \tag{8.11}$$

ある現象について，物質，熱，あるいは運動量の収支をとって，得られた式を基礎方程式と呼んでいる．化学工学分野の研究論文では，この式（8.11）から話が始まっている．その式の導出手順は省略される．したがって，この本の読者であるみなさんは，この式から遡って，現象とそこに設定された仮定を把握する練習が必要である．自力で元に，すなわち「入溜消出」に戻ることができて初めて，その現象を深く理解できるようになるのだから，「入溜消出」に戻ることを励行しよう．

フィン内の境界条件

2階の常微分方程式は，原則として2回積分すると解くことができる．そのとき，1回の積分ごとに積分定数がついてくる．2つの積分定数を決定するのに2つの条件が必要である．この場合，変数が空間座標の距離 z なので "境界" 条件（BC, boundary condition）が2ついる．なお，変数が時間座標 t なら "初期" 条件（IC, initial condition）がいる．

フィンの根元で一定温度なので，

$$\text{境界条件 1：} \quad \text{at} \quad z = 0 \quad T = T_0 \tag{8.12}$$

フィンの先端で流束がゼロなので，

$$\text{境界条件 2：} \quad \text{at} \quad z = L \quad q_z = 0 \tag{8.13}$$

または，$T = T_a$ でも解は同一になる．境界条件2は微分方程式を解きたいがためにある．先端に断熱材が貼ってあるとすればよい．これで微分方程式と境界条件が揃った．後は解法．解く前に，左辺の分子 ∂T のところを，$\partial (T - T_a)$ としておく．T_a は定数なので，$\partial T = \partial (T - T_a)$ である．こうしておくと式の変形が楽だ．

直感的解法によるフィン内温度分布の決定

フィンの熱収支式 (8.11) では，変数が z だけなので偏微分記号 ∂ を常微分記号 d に変えてもかまわない．

$$\frac{\mathrm{d}^2 \blacksquare}{\mathrm{d}z^2} = K \blacksquare \tag{8.14}$$

この式はある関数■を2回微分すると，それがその関数■の K 倍になるということを示している．第2話の微分と積分のところで練習したように，そういう関数は，指数関数である．この場合，$e^{\sqrt{K}z}$ と $e^{-\sqrt{K}z}$ である．もちろんこれらの定数倍もあてはまる．足したり，引いたりした形でもよい．だから双曲線関数もよい．そこで，解はつぎの形においてみる．

直感的解法によるフィン内温度分布の決定

$$\blacksquare = C_1 e^{\sqrt{K}z} + C_2 e^{-\sqrt{K}z} \tag{8.15}$$

検算しよう．

$$\frac{d\blacksquare}{dz} = C_1\sqrt{K}\,e^{\sqrt{K}z} - C_2\sqrt{K}\,e^{-\sqrt{K}z} \tag{8.16}$$

$$\begin{aligned}\frac{d^2\blacksquare}{dz^2} &= C_1 K\,e^{\sqrt{K}z} + C_2 K\,e^{-\sqrt{K}z} \\ &= K(C_1 e^{\sqrt{K}z} + C_2 e^{-\sqrt{K}z}) \\ &= K\blacksquare \end{aligned} \tag{8.17}$$

確かに式 (8.14) を満たす解である．後は 2 つの境界条件から，C_1 と C_2 を決定すればよい．

$$T_0 - T_a = C_1 e^{\sqrt{K}0} + C_2 e^{-\sqrt{K}0} = C_1 + C_2 \tag{8.18}$$

$$0 = \sqrt{K}(C_1 e^{\sqrt{K}L} - C_2 e^{-\sqrt{K}L}) \tag{8.19}$$

これより，

$$C_1 = C_2 \frac{e^{-\sqrt{K}L}}{e^{\sqrt{K}L}} \tag{8.20}$$

$$T_0 - T_a = C_1 + C_2 = C_2\left(\frac{e^{-\sqrt{K}L}}{e^{\sqrt{K}L}} + 1\right) \tag{8.21}$$

$$C_2 = (T_0 - T_a)\frac{e^{\sqrt{K}L}}{e^{\sqrt{K}L} + e^{-\sqrt{K}L}} \tag{8.22}$$

$$C_1 = (T_0 - T_a)\frac{e^{-\sqrt{K}L}}{e^{\sqrt{K}L} + e^{-\sqrt{K}L}} \tag{8.23}$$

式 (8.22) と (8.23) を式 (8.15) へ代入して

$$\begin{aligned}\frac{T - T_a}{T_0 - T_a} &= \frac{e^{-\sqrt{K}L}e^{\sqrt{K}z} + e^{\sqrt{K}L}e^{-\sqrt{K}z}}{e^{\sqrt{K}L} + e^{-\sqrt{K}L}} \\ &= \frac{e^{-\sqrt{K}(L-z)} + e^{\sqrt{K}(L-z)}}{e^{\sqrt{K}L} + e^{-\sqrt{K}L}} \\ &= \frac{\cosh[\sqrt{K}(L-z)]}{\cosh\sqrt{K}L} \end{aligned} \tag{8.24}$$

第 8 話

ラプラス変換によるフィン内温度分布の決定

第3話のラプラス変換（Laplace transform）で，この微分方程式を，この境界条件のもとで，すでに解いてある．式 (3.21)-(3.23) そして式 (3.31) に相当するそれを適用する．

$$\frac{T-T_a}{T_0-T_a} = \frac{\cosh[\sqrt{K}(L-z)]}{\cosh\sqrt{K}L} \tag{8.25}$$

もちろん，解は式 (8.24) と同一になった．

フィンの伝熱効率

フィンの長さ方向の温度分布が求まった．たいていの場合，フィンは熱を周囲の大気へ逃がすためについている．フィンの表面積あたりの，外気への熱の放散速度は，$T-T_a$ に比例するので，T が高いほどそれだけ熱が逃げる．したがって，根元の温度 T_0 がそのままフィンの先端まで伝わっていることが理想的な状況である．フィンのどこでも周囲の温度差が

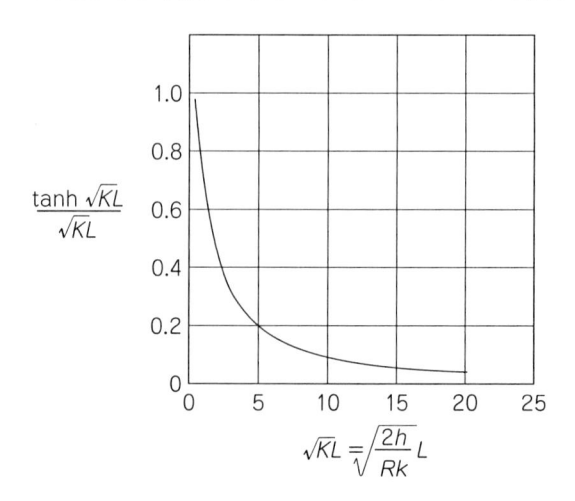

図 8.3 フィンの伝熱効率 $\eta = \dfrac{\tanh\sqrt{K}L}{\sqrt{K}L}$

$T_0 - T_a$ であるとき，温度差が最大となり放熱量も最大となる．その理想の放熱量を分母にしてフィンの伝熱効率を定義する．

$$\eta = \frac{\int_0^L h(T-T_a) 2\pi R\, \Delta z}{\int_0^L h(T_0-T_a) 2\pi R\, \Delta z} \tag{8.26}$$

Δz を dz に変えることによって厳密にして，

$$\eta = \frac{\int_0^L (T-T_a)\,dz}{\int_0^L (T_0-T_a)\,dz}$$

$$= \frac{\int_0^L (T-T_a)\,dz}{L(T_0-T_a)}$$

ここに，式 (8.24) を代入すると，

$$\eta = \frac{\tanh\sqrt{K}L}{\sqrt{K}L} \tag{8.27}$$

式変形の途中経過は演習問題にした．η を縦軸に，$\sqrt{K}L$ を横軸にとって図 8.3 をつくった．

問題の答え

(1) $\dfrac{T-T_a}{T_0-T_a} = \dfrac{\cosh[\sqrt{K}(L-z)]}{\cosh\sqrt{K}L}$

(2) $\eta = \dfrac{\tanh\sqrt{K}L}{\sqrt{K}L}$

▶▶▶第8話 演習問題
   (2階常微分方程式 直角座標，フィン内の伝熱（ヒ）)

問題 8.1 フィンが下の図の(a)のように矩形のとき，熱の収支式を立てなさい．

問題 8.2 フィンが下の図の(b)のように円盤のとき，熱の収支式を立てなさい．

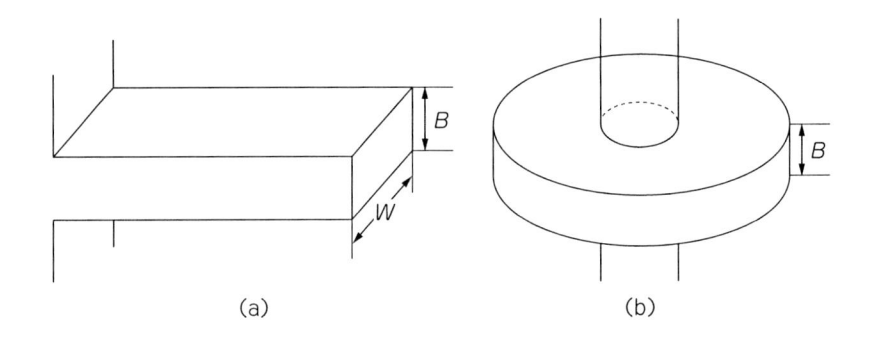

(a) (b)

問題 8.3 フィンの伝熱効率の式 (8.27) を導出しなさい．

$$\eta = \frac{\tanh \sqrt{K}L}{\sqrt{K}L} \qquad (8.27) の再掲$$

問題 8.4 ビーカーに入ったアルカリ液へ，酸性ガスが液の表面から吸収されて溶け込んでいる．アルカリ液中での酸性ガスのビーカー深さ方向の濃度分布を表す基礎方程式はつぎの式で表される．この式をつくるときに必要な仮定を4つあげなさい．

$$D_A \frac{\partial^2 C_A}{\partial z^2} = k_1 C_A$$

応用編：直感的解法

第 9 話

2階常微分方程式
球座標，多孔性触媒内の拡散（マ）

現象

多孔性ビーズ（図9.1）の内部表面に触媒が担持されている．ビーズの半径は R [m] である．空孔の構造は均質である．空孔率および屈曲度を，それぞれ ε および τ とする．また，比表面積，すなわちビーズ体積あたりの表面積は a_v [m^2/m^3] である．

仮定

(1) 多孔性ビーズの孔の内部で，物質 A はつぎの式に従って拡散する

$$J_{Ar} = -D_e \frac{\partial C_A}{\partial r} \quad \left[\frac{\text{kg-}A}{\text{m}^2\,\text{s}}\right] \tag{9.1}$$

ここで，有効拡散係数 D_e はつぎの式で表される

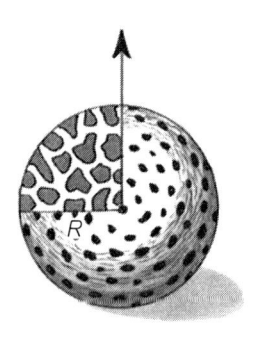

図 9.1　触媒が担持された多孔性ビーズとその内部

$$D_e = D\frac{\varepsilon}{\tau} \quad \left[\frac{\mathrm{m}^2}{\mathrm{s}}\right] \tag{9.2}$$

(2) 多孔性ビーズの内部表面積あたりの反応速度はつぎの式で表される

$$R_A = k_1 C_A \quad \left[\frac{\mathrm{kg\text{-}}A}{\mathrm{m}^2\,\mathrm{s}}\right] \tag{9.3}$$

ここで，k_1 は1次反応速度定数 [m/s] である．

(3) 多孔性ビーズ内の反応物質 A の濃度分布は時間が経っても変化しない．すなわち，定常状態である
(4) 多孔性ビーズの表面での物質 A の濃度 C_{AS} は一定である
(5) 多孔性ビーズの中心で濃度は対称である．これは拡散流束がゼロということと同じことである

問題

(1) 多孔性ビーズの半径方向の濃度分布を式で表しなさい．
(2) 多孔性ビーズの有効係数を式で表しなさい．

触媒の担持

　化学反応によって，必要なものを合成したり，不要になったものを分解したりして私たちの生活が成り立っている．自動車が世界中，日本中，町中にこれだけ走っているのに，ある程度まで大気がきれいに保たれているのは，石油の精製反応，エンジン室の燃焼反応，そして排気ガスの浄化反応がうまくいっているおかげである（図9.2）．これらの反応の反応速度を高めるために触媒が使用される．触媒には，貴金属，金属酸化物，変わったところでは酵素がある．排気ガスの浄化反応には，長い間劣化をせずに活躍する貴金属触媒が使用されている．
　気体と液体のことを合わせて流体（fluid）と呼んでいる．まさに流れる物体だからだ．流体中に触媒を混ぜると，後の工程で生成物と触媒を分

図 9.2　排気ガス浄化用の貴金属担持触媒

96　第9話　2階常微分方程式 球座標，多孔性触媒内の拡散（マ）

図 9.3　トレードオフ：あちらを立てればこちらが立たず

けて，触媒だけを回収する必要がある．触媒として働く金属には高価なものが多い．そこで，化学的にあるいは物理的に触媒を固体に固定して使う．触媒を取りつけることを担持（impregnation）と呼んでいる．そして担持された触媒を担持触媒（impregnated catalyst）と呼ぶ．

　流体と固体を上手に接触させて反応を起こそうと考えたとき，固体を筒（カラム，column）に詰めて流体を上向きまたは下向きに流通させることになる．そのとき固体が塊になっていては接触面積が少なくて，あまり効果がない．固体の形としては"丸くて小さいもの"，すなわちビーズが便利だ．ビーズはぎっしりと詰めやすく，それでもビーズとビーズの間にできる隙間をぬって流体は流れる．

　なるべくコンパクトに触媒を詰め込もうとするなら，ビーズに触媒を担持してカラムに充填するだろう．ビーズの径が小さいほど外部表面積が増えて総括反応速度を上げるのによいのだけれども，代わりに流体は流れにくくなる．いいかえると，ビーズの径が小さいと同じ流量を出すのに必要な圧力が，ビーズの径が大きいときと比べて高くなる．そうかといってビーズの径を大きくすると外部表面積が減って困る．こういう長所と短所が共存する悩みをトレードオフ（trade-off）と呼ぶ（図 9.3）．

多孔性触媒の誕生

　このトレードオフの 1 つの解決策として孔の開いたビーズが考案された．ビーズの内部には，反応物質が無理なく拡散することのできる孔がビーズ体積全体の 70％ぐらいは開いている．ビーズ内部で表面積を稼いでいる．こうして，ビーズ間ではドヤドヤ流束，ビーズ内ではジワジワ流束が支配的という場がカラム内にできあがる．圧力損失（必要操作圧力）と物質移動を考慮してビーズ径を決めるわけだ．

　多孔性ビーズの内部表面にびっしりと触媒を担持したときに，反応物質が孔に入っていって，順調に，反応によって消失し，生成物が孔から外部へ出てくることが望ましい．そのあたりのところを定量的に知っておきたいわけだ．

多孔性構造の記述

多孔性の構造を規定する代表的パラメータが3つある．(1) 比表面積 (specific surface area)，(2) 空孔率 (porosity)，そして (3) 屈曲度 (tortuosity factor) である．

(1) 比表面積：体積（または重量）あたりの表面積のこと．a_v という記号を使う．単位は m^2/m^3（または m^2/g）

(2) 空孔率：全体の体積に占める孔の百分率である．そして，これは断面積あたりの孔の占める面積の百分率でもある．"すかすか"度である．単位は %．ただし，式 (9.2) では空孔率を 100 で割った値を ε とする

(3) 屈曲度：名前のとおり，孔の"くねくね"度である．孔がまっすぐなら屈曲度は 1 である

多孔性の構造を表現するには，ほかにもパラメータがある．孔の形状によって，直孔，スポンジ孔，二元孔，また，孔の大きさによって，マイクロ孔，マクロ孔，メソ孔がある．正確に記述しようとしたらたいへんだ．

多孔性ビーズ内の入溜消出

担持された触媒表面で次式で表される1次反応が起きることにしよう．

$$R_A = k_1 C_A \quad \left[\frac{\text{kg-}A}{\text{m}^2\,\text{s}}\right] \tag{9.3 の再掲}$$

さらに定常状態としよう．ビーズ1個について物質 A の物質収支をとる．
ビーズ内の微小区間（図 9.4）r と $r+\Delta$ で「入溜消出」

㊁ ：　$4\pi(r+\Delta r)^2(-J_{Ar}|_{r+\Delta r})$ 　　$\left[\dfrac{\text{kg-}A}{\text{s}}\right]$ 　　　　(9.4)

㊁ ：　ゼロ 　　　　　　　　　　　　　　　　　　　　　　　　(9.5)

㊁ ：　$(4\pi r^2 \Delta r) a_v k_1 C_A$ 　　$\left[\dfrac{\text{kg-}A}{\text{s}}\right]$ 　　　　(9.6)

㊁ ：　$4\pi r^2 (-J_{Ar}|_r)$ 　　$\left[\dfrac{\text{kg-}A}{\text{s}}\right]$ 　　　　(9.7)

多孔性ビーズ内の入溜消出　　　　　　　　　　　　　　　　　　　99

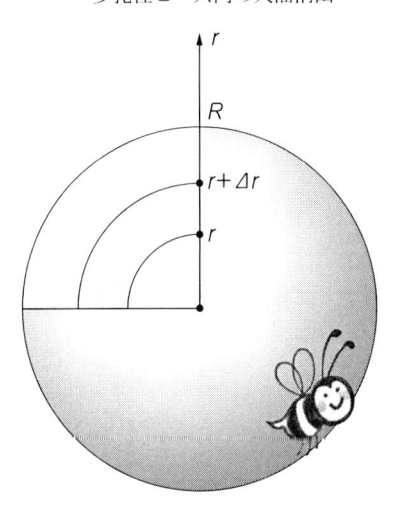

図 9.4 球座標 r 方向の微小区間

$$4\pi(r+\Delta r)^2(-J_{Ar}|_{r+\Delta r})-0-(4\pi r^2\Delta r)a_v k_1 C_A$$
$$=4\pi r^2(-J_{Ar}|_r) \tag{9.8}$$

「"球座標"型の微分コンシャス」変形

$$-(4\pi r^2\Delta r)a_v k_1 C_A = 4\pi(r+\Delta r)^2 J_{Ar}|_{r+\Delta r}-4\pi r^2 J_{Ar}|_r$$
$$-(4\pi r^2\Delta r)a_v k_1 C_A = 4\pi[(r^2 J_{Ar})|_{r+\Delta r}-(r^2 J_{Ar})|_r] \tag{9.9}$$

微小体積 $4\pi r^2\Delta r$ で割って，Δr を無限小にする.

$$-a_v k_1 C_A = \frac{1}{r^2}\frac{\partial(r^2 J_{Ar})}{\partial r} \tag{9.10}$$

ここに，多孔性触媒内でのジワジワ流束の式を代入する．

$$J_{Ar}=-D_e\frac{\partial C_A}{\partial r} \tag{9.11}$$

すると，

$$-a_v k_1 C_A = \frac{1}{r^2}\frac{\partial\left[r^2\left(-D_e\frac{\partial C_A}{\partial r}\right)\right]}{\partial r} \tag{9.12}$$

有効拡散係数 D_e は定数であるとして，

$$\frac{a_v k_1}{D_e} C_A = \frac{1}{r^2} \frac{\partial \left(r^2 \dfrac{\partial C_A}{\partial r}\right)}{\partial r} \tag{9.13}$$

ここまで意識せずに，偏微分記号 ∂（ラウンドと読む）を使って式を書いてきたけれども，変数が r だけなので常微分記号 d でもよい．偏微分と常微分はこの程度の差しかないのだ．第9話では以後，∂ を d に変えた．

$$\frac{a_v k_1}{D_e} C_A = \frac{1}{r^2}\left(2r\frac{\mathrm{d}C_A}{\mathrm{d}r}+r^2\frac{\mathrm{d}^2 C_A}{\mathrm{d}r^2}\right)$$

$$= \frac{2}{r}\frac{\mathrm{d}C_A}{\mathrm{d}r}+\frac{\mathrm{d}^2 C_A}{\mathrm{d}r^2} \tag{9.14}$$

球座標での2階常微分方程式ができた．2階なので，これを解くには2つの境界条件が必要である．

境界条件1： at $r = R$　　$C = C_{AS}$ (9.15)
境界条件2： at $r = 0$　　$J_{Ar} = 0$ (9.16)

境界条件2は，$\mathrm{d}C_A/\mathrm{d}r = 0$ と等価．濃度分布が $r = 0$ において対称になるという物理的な意味でもある．

変 数 変 換

誰が考え出したのか知らないけれども，うまい方法を紹介したい．変数変換（combination of variables）という方法である．微分方程式を満たす解 $C_A(r)$ が

$$C_A(r) = \frac{f(r)}{r} \tag{9.17}$$

という関数形をしていると仮定すると，

$$\frac{\mathrm{d}C_A}{\mathrm{d}r} = \frac{f'r-f}{r^2} \tag{9.18}$$

$$r^2 \frac{\mathrm{d}C_A}{\mathrm{d}r} = f'r-f \tag{9.19}$$

変 数 変 換

$$\frac{\mathrm{d}\left(r^2 \frac{\mathrm{d}C_A}{\mathrm{d}r}\right)}{\mathrm{d}r} = f''r + f' - f' = f''r \tag{9.20}$$

式 (9.13) に代入して,

$$\frac{a_v k_1}{D_e}\frac{f}{r} = \frac{1}{r^2}(f''r) \tag{9.21}$$

$$\frac{a_v k_1}{D_e}\frac{f}{r} = \frac{f''}{r}$$

$$\frac{a_v k_1}{D_e} f = f'' \tag{9.22}$$

なんと, 左辺の係数を K とおくと,

$$K\blacksquare = \frac{\mathrm{d}^2 \blacksquare}{\mathrm{d}r^2} \tag{9.23}$$

第 8 話の微分方程式と同じ形になった. 異なる点は $T-T_a$ が f に, z が r になった点である. 境界条件を点検すると,

境界条件 1： at $r = R$　　$f = R \times C_{AS}$ (9.24)

境界条件 2： at $r = 0$　　$f = 0 \times C_A = 0$ (9.25)

第 8 話と同様に直感的解法によって解くことができる.

$$f(r) = rC_A(r) = RC_{AS}\frac{\sinh\sqrt{K}r}{\sinh\sqrt{K}R} \tag{9.26}$$

$$C_A(r) = \frac{R}{r}C_{AS}\frac{\sinh\sqrt{K}r}{\sinh\sqrt{K}R} \tag{9.27}$$

変数変換のおかげで, 球座標でも 2 階常微分方程式を解くことに成功した. 変数変換の威力を知った. というわけで, 円柱座標でつくったつぎの物質収支式でもいろいろと関数を考えて挑戦したがいまだに変数変換して, きれいな形にできていない.

$$\frac{a_v k_1}{D_e}C_A = \frac{1}{r}\frac{\mathrm{d}\left(r\frac{\mathrm{d}C_A}{\mathrm{d}r}\right)}{\mathrm{d}r} \tag{9.28}$$

有効係数

有効係数（effectiveness factor）η をつぎの式で定義する．多孔性ビーズに担持された触媒が最も有効に働くのは，表面濃度がそのまま内部まで拡散していて，その濃度で反応しているときである．これは，第8話でフィンが最も有効に働くのは，フィンの根元の温度がそのままフィン先端まで伝熱していて，その温度で放熱しているときであるのと同様だ．

有効係数 η

$$= \frac{（現実の濃度分布に応じた総括反応速度）}{（理想の濃度分布すなわち内部がすべて表面濃度のときの総括反応速度）} \tag{9.29}$$

C_A は多孔性ビーズの半径 r 方向の関数であり，しかもその微小体積がま

$$\eta = \frac{3}{(\sqrt{K}R)^2}\left(\frac{\sqrt{K}R}{\tanh\sqrt{K}R} - 1\right)$$

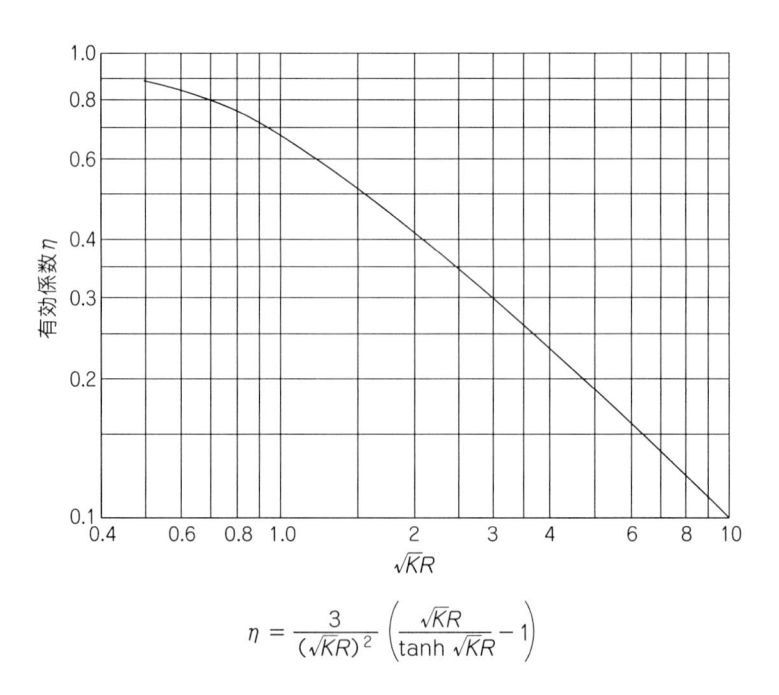

図9.5 触媒担持多孔性ビーズの有効係数 η（R. B. Bird, *et al.*（1960）の図を一部改変）

たまた半径 r 方向の関数だ．こういうときこそ積分の出番だ．微小体積内の反応速度をかき集めるのは積分の得意技である．

$$\text{有効係数}\ \eta = \frac{\int_0^R a_v k_1 C_A\, 4\pi r^2\, \Delta r}{\int_0^R a_v k_1 C_{AS}\, 4\pi r^2\, \Delta r} \tag{9.30}$$

Δr を $\mathrm{d}r$ に変えることによって厳密にして，

$$\eta = \frac{\int_0^R r^2\, C_A \mathrm{d}r}{\int_0^R r^2\, C_{AS} \mathrm{d}r}$$

先ほどの濃度分布の式（9.27）を代入すると，

$$\eta = \frac{3}{(\sqrt{K}R)^2}\left(\frac{\sqrt{K}R}{\tanh \sqrt{K}R} - 1\right) \tag{9.31}$$

ここで，$\tanh \sqrt{K}R = (\sinh \sqrt{K}R)/(\cosh \sqrt{K}R)$ で定義される．球の形をしている分，少し複雑な式の形をしている．η を縦軸に，$\sqrt{K}R$ を横軸にとって図 9.5 をつくった．

問題の答え

(1) $C_A = \dfrac{R}{r}\, C_{AS}\, \dfrac{\sinh \sqrt{K}r}{\sinh \sqrt{K}R}$

(2) $\eta = \dfrac{3}{(\sqrt{K}R)^2}\left(\dfrac{\sqrt{K}R}{\tanh \sqrt{K}R} - 1\right)$

▶▶▶第9話　演習問題
（2階常微分方程式　球座標，多孔性触媒内の拡散（マ））

問題 9.1　式（9.26）を導出しなさい．

$$f(r) = rC_A(r) = RC_{AS} \frac{\sinh\sqrt{K}r}{\sinh\sqrt{K}R} \qquad \text{(9.26)の再掲}$$

問題 9.2　式（9.31）を導出しなさい．

$$\text{有効係数 } \eta = \frac{3}{(\sqrt{K}R)^2}\left(\frac{\sqrt{K}R}{\tanh\sqrt{K}R} - 1\right) \qquad \text{(9.31)の再掲}$$

問題 9.3　下の図のように，半径 r，長さ $2L$ の円筒状の孔をもつ多孔性触媒内での成分 A の濃度分布について，つぎの問いに答えなさい．ただし，孔表面積あたりの反応速度式は R_A [kg-A/(m²s)] $= k_1 C_A$ と表される．濃度分布は定常状態である．

(1) 円管長さ方向の中心をゼロとする座標軸をとって，基礎方程式をつくりなさい．

(2) つぎの境界条件のもとで，基礎方程式を解いて，孔の長さ方向の成分 A の濃度分布を表しなさい．

　　境界条件1：　at　$z = L$　　$C = C_{AS}$
　　境界条件2：　at　$z = -L$　　$C = C_{AS}$

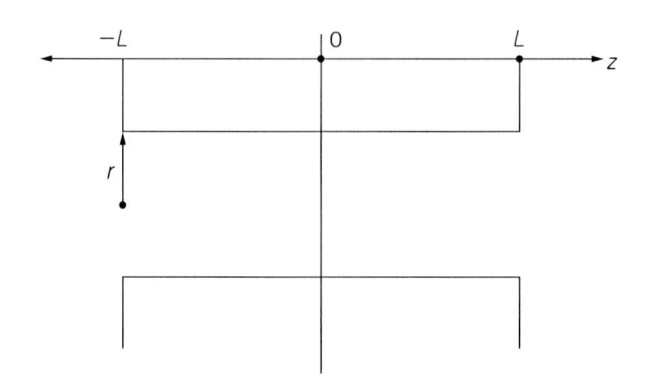

(3) さらに，つぎの境界条件のもとで基礎方程式を解いて，孔の両端が開いている場合と，孔の中心が行き止まりの場合とが，現象として等価であることを示しなさい．

　　　境界条件1： at　$z = L$　　　$C = C_{AS}$

　　　境界条件2： at　$z = 0$　　　$\dfrac{dC_A}{dz} = 0$

(4) この多孔性触媒の有効係数を表しなさい．

応用編：直感的解法

第 10 話

2 階常微分方程式
円柱座標，円管内の流速分布（モ）

現象

半径 R の円管内を流体が流れている．円管には外部から管断面に圧力がかかっている．長さ L の間での圧力差は ΔP である．

仮定

(1) レイノルズ数（Reynolds number）は 2100 以下であるので，層流である．円管の長さ方向（z 方向）の速度 v_z について半径方向（r 方向）に分布が生じている

(2) 速度分布は時間が経っても変化しない．すなわち，定常状態である

(3) 円管の壁では速度 v_z はゼロである

問題

(1) 速度分布 $v_z(r)$ を式で表しなさい．
(2) 平均流速を求めなさい．
(3) 円管の壁にかかる圧力の合計を計算しなさい．

円管には円柱座標

東海道新幹線が開通した当時，東京から静岡まで乗って登呂遺跡を見学

するツアーに父親に連れられて出かけた．稲作用の水田に水を引く木製の管は四角い溝を形づくっていたらしい．ローマ帝国がつくった水道の断面も矩形だ．しかしながら，最近は，水道管にしてもガス管にしてもみな円管になった．角がない分，落としたり，ぶつけたりしたときに壊れにくいなどの長所が円管にはあるのだろう．

円管に流す水が低流量なら，断面積全体に水を満たせない．一方，高流量なら，断面積全体に水が流れるのは当たり前だ．ここでは，円管の断面の全体にわたって水が流れているとしよう．

第8話で，ヒ (heat)，すなわち熱流束を，直角座標系 (x,y,z) の z 方向で論じた．第9話で，マ (mass)，すなわち物質収支を，球座標系 (r,θ,ϕ) の r 方向で論じた．ここでは，モ (momentum)，すなわち運動量収支を，円柱座標系 (r,θ,z) の r 方向で論じる．円管なので円柱座標系を採用したわけだ．

粘性の方向

円管の z 方向にだけ速度 v_z がある．r 方向にも θ 方向にも速度がなく，ゼロだ．しかしながら，z 方向の速度とはいえ，z 方向だけでなく r 方向にも θ 方向にも v_z には分布がありうる．

$$v_z = v_z(r,\theta,z) \tag{10.1}$$

と表しておく．速度分布があると速度差によってその差をなくそうとする圧力が出るわけだ．ここでは v_z は管の円周方向（θ 方向）にも長さ方向（z 方向）にも一様であるとするのはおかしくない．そうすると，v_z は r 方向にだけ一様でない．z 方向に流れながら，速度差が r 方向にだけある．円管の軸中心（$r=0$）で最大，壁（$r=R$）でゼロだ．運動量は r 方向にジワジワと移動する．ジワジワ運動量流束は速度勾配に比例するとして，

$$\tau_{zr} \propto \frac{\Delta v_z}{\Delta r} \tag{10.2}$$

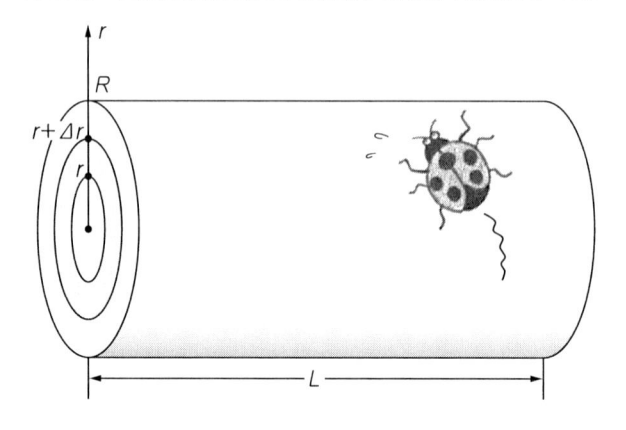

図 10.1 円柱座標 r 方向の微小区間

比例定数を μ とする．この μ が粘度だ．さらに，速度の大きい方から小さい方へ移動するので，マイナスをつけて

$$\tau_{zr} = -\mu \frac{\partial v_z}{\partial r} \qquad (10.3)$$

収支をとる手順はこれまでどおり．図 10.1 のように円管の一部をくりぬいた微小体積を考える．

㊑ ： $2\pi r L \tau_{zr}|_r$ $\left[\dfrac{\text{kg}\frac{m}{s}}{\text{s}}\right]$ (10.4)

㊒ ： ゼロ (10.5)

㊐えずに㊛： $(2\pi r \Delta r)\Delta P$ $\left[\dfrac{\text{kg}\frac{m}{s}}{\text{s}}\right]$ (10.6)

㊐ ： $2\pi(r+\Delta r)L\tau_{zr}|_{r+\Delta r}$ $\left[\dfrac{\text{kg}\frac{m}{s}}{\text{s}}\right]$ (10.7)

「v_z は r 方向にだけ一様でない．z 方向に流れながら，速度差が r 方向に

だけある」いいかえると「v_z は z 方向には一様である．z のどこでも変わらずに流れている」そうなると，㋑と㋺のドヤドヤ運動量流束は釣り合っているわけだ．㋬えずに㋓の項は，くりぬいた両端の微小面積 $2\pi r \Delta r$ に圧力差 ΔP を掛けて，力の単位をもっている．

さて，ここで収支をとった物理量の単位 $[(kg\,m/s)/s]$ を $[kg\,m/s^2]$ と書き直すと，これは力の単位であることがわかる．運動量の収支は力の収支をとるニュートン力学なのである．ただし，定常なので加速度はゼロ，いいかえると㋜がゼロなわけだ．

第 8 話では熱がフィン表面から外気へ逃げ，第 9 話では成分 A が反応によって消えていた．それに対して，この場合，外部から力が加わっている．消える項（sink）ではなく，生まれてくる項（source）となる．

そこで「入溜生出」収支式，

$$2\pi r L \tau_{zr}|_r - 0 + (2\pi r \Delta r)\Delta P$$
$$= 2\pi(r+\Delta r)L\tau_{zr}|_{r+\Delta r} \tag{10.8}$$

「"円柱座標" 型の微分コンシャス」変形

$$(2\pi r \Delta r)\Delta P = 2\pi L[(r+\Delta r)\tau_{zr}|_{r+\Delta r} - r\tau_{zr}|_r]$$
$$= 2\pi L[(r\tau_{zr})|_{r+\Delta r} - (r\tau_{zr})|_r] \tag{10.9}$$

微小体積 $(2\pi r \Delta r L)$ で割って，

$$\frac{\Delta P}{L} = \frac{1}{r}\frac{\partial(r\tau_{zr})}{\partial r} \tag{10.10}$$

この段階で直感的解法

左辺が定数であることに注目しよう．右辺の r を左辺にもってきて，

$$\frac{\Delta P}{L}r = \frac{\partial(r\tau_{zr})}{\partial r} \tag{10.11}$$

微分すると r の 1 次式になるのだから，右辺の微分記号の中，$r\tau_{zr}$ は r の

2次式のはず．積分すると積分定数がついてきて，

$$r\tau_{zr} = \frac{1}{2}\frac{\Delta P}{L}r^2 + C_1 \tag{10.12}$$

$$\tau_{zr} = \frac{1}{2}\frac{\Delta P}{L}r + \frac{C_1}{r} \tag{10.13}$$

円柱や球座標系で"$1/r$"が登場したら，中心（$r=0$）を考えるのが鉄則．ここで，境界条件をつくって積分定数 C_1 を決めるのに使う．

$$\text{境界条件1:} \quad \text{at} \quad r=0 \quad \text{剪断応力} = \text{有限} \tag{10.14}$$

ここで剪断応力は有限というより，中心軸には面積がないのでゼロである．これを使って，$C_1 = 0$ と決まる．

　ニュートンの法則をここで適用する．そうしないと速度分布 $v_z(r)$ を求めることにはならない．

$$-\mu\frac{\partial v_z}{\partial r} = \frac{1}{2}\frac{\Delta P}{L}r \tag{10.15}$$

またもや微分すると，r の1次式になるのだから，左辺の微分記号の中，v_z は r の2次式のはず．

$$v_z = -\frac{1}{2}\frac{\Delta P}{\mu L}\frac{r^2}{2} + C_2 \tag{10.16}$$

積分するとついてきた積分定数 C_2 を決めたい．もう1つの境界条件として，

$$\text{境界条件2:} \quad \text{at} \quad r=R \quad v_z = 0 \tag{10.17}$$

これは，壁に接している液体の速度 v_z はゼロということ．

$$0 = -\frac{1}{2}\frac{\Delta P}{\mu L}\frac{R^2}{2} + C_2 \tag{10.18}$$

$$C_2 = \frac{1}{2}\frac{\Delta P}{\mu L}\frac{R^2}{2} \tag{10.19}$$

これで，円管内での速度分布が出る．

速度分布 $v_z(r)$ は放物線状　　　運動量流束分布 $\tau_{rz}(r)$ は線形

$v_z=0$　　$v_{z,\,\mathrm{max}}$　　$\tau_{rz}=0$　　$\tau_{rz,\,\mathrm{max}}=\dfrac{\Delta P}{2L}R$

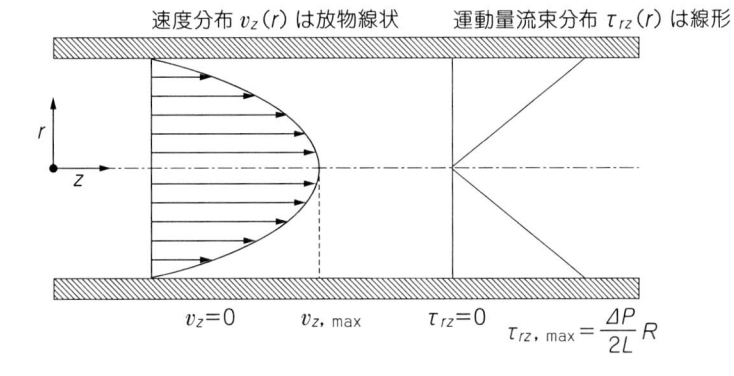

図 10.2　円管内の速度分布は放物線状（R. B. Bird, *et al.*（1960）より一部改変）

$$v_z = \frac{\Delta P}{4\mu L}(R^2 - r^2) \tag{10.20}$$

z 方向の速度は 2 次関数となった（図 10.2）．速度分布は放物線状になる．放物線にはとんがりがあるわけで，そこが最大速度となる．中心（$r = 0$）の値である．

$$v_{z,\mathrm{max}} = \frac{\Delta P}{4\mu L}R^2 \tag{10.21}$$

外圧イコール壁での圧力

円管の壁にかかる圧力を計算しよう．まず，壁での運動量流束，すなわち剪断応力は，

$$\tau_{rz}|_{r=R} = -\mu \frac{\partial v_z}{\partial r}\bigg|_{r=R} \tag{10.22}$$

式（10.20）を使って

$$= -\mu\left[\frac{\Delta P}{4\mu L}(-2r)\right]\bigg|_{r=R}$$

$$= \frac{\Delta P}{2L}R \tag{10.23}$$

円管内壁の総面積 $2\pi RL$ を掛けて，内壁での剪断圧力の合計すなわち力を算出すると，$\pi R^2 \Delta P$ となり，たいへん当たり前田のクラッカーになってしまった．巨視的に見る，すなわち円管全体で見ると，断面積に ΔP がかかって，それが円管の内壁に圧力としてかかるという具合だ．

円管内の流量

$v_z(r)$ に円管の断面積 πR^2 を掛けても，物理的に意味がない．速度が r 方向の関数なので，工夫がいる．微小体積の断面積 $2\pi r \Delta r$ とそこでの速度 v_z を掛けると，そこに流れ込んでくる流量を計算できる．

$$(2\pi r \Delta r)v_z \tag{10.24}$$

この微小流量を半径方向に集めればよいわけだ．"集める"ということになると積分の出番だ．円管内の流量 Q は，

$$Q = \int_0^R (2\pi r \Delta r)v_z \tag{10.25}$$
$$= \int_0^R (2\pi r \Delta r)\frac{\Delta P}{4\mu L}(R^2 - r^2)$$
$$= (2\pi)\frac{\Delta P}{4\mu L}\int_0^R r(R^2 - r^2)\Delta r \tag{10.26}$$

ここで，Δr を $\mathrm{d}r$ に変えることによって厳密にした後に，積分の部分を計算すると，

$$\int_0^R r(R^2 - r^2)\mathrm{d}r$$
$$= \left[R^2 \frac{r^2}{2} - \frac{r^4}{4}\right]_0^R$$
$$= \left(\frac{R^4}{2} - \frac{R^4}{4}\right) = \frac{R^4}{4} \tag{10.27}$$

そこで，

$$Q = (2\pi)\frac{\Delta P}{4\mu L}\frac{R^4}{4}$$
$$= \frac{\pi R^4}{8\mu L}\Delta P \tag{10.28}$$

これが世にいうところのハーゲン-ポアズイユ（Hagen–Poiseuille）式である．ここまでくると，円管の断面での平均流速を算出できる．

$$v_{z,av} = \frac{(流量)}{(断面積)} = \frac{Q}{\pi R^2} = \frac{R^2}{8\mu L}\Delta P \tag{10.29}$$

微分方程式の分類

収支式に戻ると，

$$\frac{\Delta P}{L} = \frac{1}{r}\frac{\partial(r\tau_{zr})}{\partial r} \qquad (10.10)\text{ の再掲}$$

ここに，ジワジワ運動量流束を表すニュートンの法則を代入して，右辺は，

$$= \frac{1}{r}\frac{\partial}{\partial r}\left[r\left(-\mu\frac{\partial v_z}{\partial r}\right)\right] \tag{10.30}$$

右辺と左辺を入れ替え，変形していくと，

$$\frac{1}{r}\frac{\partial}{\partial r}\left(r\frac{\partial v_z}{\partial r}\right) = -\frac{\Delta P}{\mu L} \tag{10.31}$$

$$\frac{1}{r}\left(\frac{\partial v_z}{\partial r} + r\frac{\partial^2 v_z}{\partial r^2}\right) = -\frac{\Delta P}{\mu L} \tag{10.32}$$

階数の高い方から並べると，

$$\frac{\partial^2 v_z}{\partial r^2} + \frac{1}{r}\frac{\partial v_z}{\partial r} = -\frac{\Delta P}{\mu L} \tag{10.33}$$

数学の分類では，円柱座標での2階常微分方程式である．第8話や第9話と同じ分類に入る．比べてみると，

第8話；2階常微分方程式，ヒ，直角座標，$T(z)$

$$\frac{d^2 T}{dz^2} - \left(\frac{2h}{Rk}\right)(T - T_a) = 0 \qquad (10.34),\ (8.11)\text{ の変形版}$$

114　第10話　2階常微分方程式 円柱座標, 円管内の流速分布 (モ)

"丸み補正係数"　　丸みなし　　　　　一部丸み　　　　　　全部丸み

$$\frac{0}{r} \qquad \frac{1}{r} \qquad \frac{2}{r}$$

$$\frac{d^2\blacksquare}{dz^2} \qquad \frac{d^2\blacksquare}{dr^2}+\frac{1}{r}\frac{d\blacksquare}{dr} \qquad \frac{d^2\blacksquare}{dr^2}+\frac{2}{r}\frac{d\blacksquare}{dr}$$

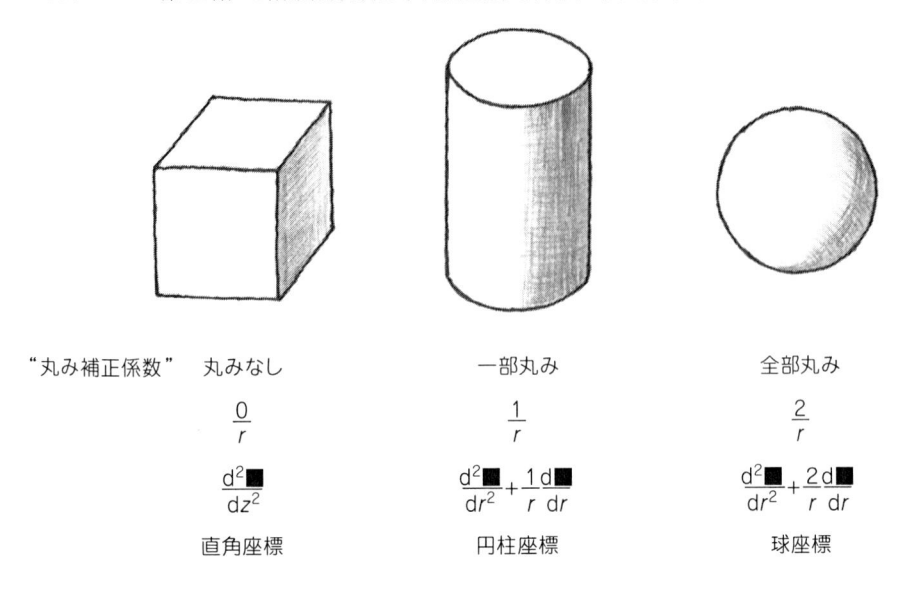

直角座標　　　　　　円柱座標　　　　　　球座標

図 10.3 座標のそれぞれの特徴

第9話；2階常微分方程式, マ, 球座標, $C_A(r)$

$$\frac{d^2 C_A}{dr^2}+\frac{2}{r}\frac{dC_A}{dr}-\left(\frac{a_v k_1}{D_e}\right)C_A = 0 \qquad (10.35),\ (9.14) \text{ の変形版}$$

第10話；2階常微分方程式, モ, 円柱座標, $v_z(r)$

$$\frac{d^2 v_z}{dr^2}+\frac{1}{r}\frac{dv_z}{dr}+\frac{\Delta P}{\mu L} = 0 \qquad (10.36),\ (10.33) \text{ の変形版}$$

さらに, 大雑把にすると,

第8話；
$$\frac{d^2\blacksquare}{dz^2}-K\blacksquare = 0 \qquad (10.37)$$

第9話；
$$\frac{d^2\blacksquare}{dr^2}+\frac{2}{r}\frac{d\blacksquare}{dr}-K\blacksquare = 0 \qquad (10.38)$$

第10話；
$$\frac{d^2\blacksquare}{dr^2}+\frac{1}{r}\frac{d\blacksquare}{dr}+K = 0 \qquad (10.39)$$

こうすると，異なる点が明確になる．左辺は，球座標，円柱座標なら，それぞれ $(2/r)\,d\blacksquare/dr$，$(1/r)\,d\blacksquare/dr$ が加わっている（図 10.3）．断面積が変化する印でもある．また，左辺の第 3 項の前の符号が第 8 話や第 9 話では消えたのでマイナスであるのに対して，第 10 話では加わった（生まれた）のでプラスである．

問題の答え

(1) $v_z = \dfrac{\Delta P}{4\mu L}(R^2 - r^2)$

(2) $v_{z,av} = \dfrac{R^2}{8\mu L}\Delta P$

(3) $\pi R^2 \Delta P$

$$\tau_{zx} = -\mu \frac{\partial v_z}{\partial x}$$

境界条件1： at $x = 0$ $\quad \tau_{zx} = 0$

境界条件2： at $x = \delta$ $\quad v_z = 0$

(図：R. B. Bird, *et al.*（1960）より一部改変)

応用編：マニュアル解法

第11話
放物線型偏微分方程式 直角座標，額の熱さまし（ヒ）

現象
　温度が一定（$T = T_0$）であった平板（断面積 S）の表面を，ある時間から，より低い一定温度 T_1 に保った．

仮定
　(1) 平板の断面方向に温度分布はないとする
　(2) この温度範囲で物性定数は一定である

問題
　平板の深さ方向の温度分布について，その時間変化を式で表しなさい．

偏微分こそが現実を語る

　いよいよ最終章に入った．偏微分方程式の登場となる．この本もそうであるように，たいていの応用数学の本では偏微分方程式を最終章にもってくるので私たちは偏微分方程式を，大晦日の紅白歌合戦の北島三郎さんのように，"応用数学界"の大御所のように思ってしまうのである（図11.1）．しかしながら，「へいへいほう，へいへいほう」いや「へんびぶんほう，へんびぶんほう」なのである．偏微分方程式は現象を解析する便利

図 11.1　偏微分方程式は応用数学界の大御所にあらず！

な道具に過ぎない．"偏"というごつい名前と"∂（ラウンドと読む）"という容貌のせいで近寄りにくく感じるだけである．ここでは，身近な場面から偏微分方程式をつくって，解いて，非定常現象を定量的に味わう練習をしよう．

　高校時代，バレーボール部に所属していた私は，毎年，夏の合宿に参加した．合宿所の近くには清流が流れていた．冷たくてきれいだ．この流れの中に，スイカ，トマト，キュウリを浸しておくと冷えておいしくなる．練習の後，それをがぶりと食べることができたなら，どんなに幸せだろう．そう思っていた（図 11.2）．高原とはいえ，猛暑の中で，補欠の私はボール拾いに明け暮れた．ボール拾いをしていてもバレーボールはうまくならないから，いつまで経っても補欠だ．そんなこんなで，夜中に熱が出てきた．今なら"熱さまシート®"（小林製薬株式会社）を買ってきて，額にペタッと貼るだろう．これまでの泣ける話の中に，球座標，円柱座標，

図 11.2 清流に冷やすスイカ，トマト，そしてキュウリ

そして直角座標系での非定常熱伝導現象が登場している．

スイカもトマトも冷える

第8話から第10話では，物理量（順に，フィン内の温度，多孔性触媒内の濃度，円管内の速度）は時間が経っても変わらずに，位置だけでの関数として扱った．冷たい清流の中に浸されたスイカの内部では，時々刻々と温度が下がっていき，しかも半径方向に温度分布が生じている．冷えきると内部が一様の温度（清流の温度）になる（図 11.3）．

スイカ内部の温度は，清流に浸し始めた時間 t とスイカの中心からの距離 r によって決まる．そこで，微小時間 $t \sim t+\Delta t$ そして微小区間 $r \sim r+\Delta r$ との間で熱収支をとる．

スイカもトマトも冷える

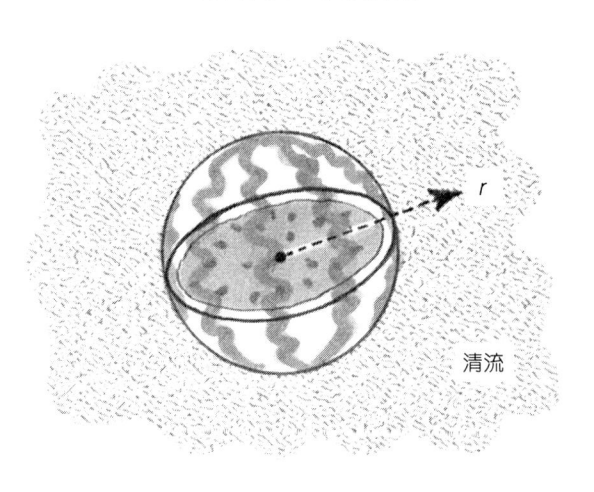

図 11.3 清流に冷やしたスイカ

$$
\begin{aligned}
&㊵ : \quad (4\pi r^2)q_r|_r(\Delta t) &&[\text{J}] &&(11.1)\\
&㊷ : \quad (4\pi r^2 \Delta r)[(\rho C_p T)|_{t+\Delta t}-(\rho C_p T)|_t] &&[\text{J}] &&(11.2)\\
&㊶ : \quad \text{ゼロ} && &&(11.3)\\
&㊴ : \quad [4\pi(r+\Delta r)^2]q_r|_{r+\Delta r}(\Delta t) &&[\text{J}] &&(11.4)
\end{aligned}
$$

「入溜消出」収支式

$$
\begin{aligned}
&4\pi r^2 q_r|_r(\Delta t)-4\pi r^2\Delta r[(\rho C_p T)|_{t+\Delta t}-(\rho C_p T)|_t]-0\\
&= 4\pi(r+\Delta r)^2 q_r|_{r+\Delta r}(\Delta t)
\end{aligned} \quad (11.5)
$$

「微分コンシャス」変形
時間 t と距離 r について，両方ともに微分を意識して，

$$
\begin{aligned}
&-4\pi r^2 \Delta r[(\rho C_p T)|_{t+\Delta t}-(\rho C_p T)|_t]\\
&= 4\pi[(r+\Delta r)^2 q_r|_{r+\Delta r}-r^2 q_r|_r](\Delta t)
\end{aligned} \quad (11.6)
$$

$(r+\Delta r)^2$ と $|_{r+\Delta r}$, r^2 と $|_r$ が連動しているので，右辺の ［ ］ の中をつぎのように書きかえる．

$$= 4\pi[(r^2 q_r)|_{r+\Delta r} - (r^2 q_r)|_r](\Delta t) \tag{11.7}$$

両辺を，微小時間 Δt および微小体積 $4\pi r^2 \Delta r$ で割る．

$$-\frac{[(\rho C_p T)|_{t+\Delta t} - (\rho C_p T)|_t]}{\Delta t}$$
$$= \frac{1}{r^2}\frac{[(r^2 q_r)|_{r+\Delta r} - (r^2 q_r)|_r]}{\Delta r} \tag{11.8}$$

$\Delta t, \Delta r$ ともに無限小にする．

$$-\frac{\partial(\rho C_p T)}{\partial t} = \frac{1}{r^2}\frac{\partial(r^2 q_r)}{\partial r} \tag{11.9}$$

2つの変数（t と r）があるのだから，微分記号には，常微分記号 d ではなく，必ず偏微分記号 ∂ を使う．

さらに，フーリエの法則を使って，

$$-\frac{\partial(\rho C_p T)}{\partial t} = \frac{1}{r^2}\frac{\partial\left[r^2\left(-k\dfrac{\partial T}{\partial r}\right)\right]}{\partial r} \tag{11.10}$$

スイカの内部の構造が均一であり，しかも，この温度範囲では熱伝導度 k，密度 ρ，定圧比熱 C_p は一定であると見なして，

$$\frac{\partial T}{\partial t} = \frac{k}{\rho C_p}\frac{1}{r^2}\frac{\partial\left[r^2\dfrac{\partial T}{\partial r}\right]}{\partial r} \tag{11.11}$$

$k/\rho C_p$ は，熱拡散係数（thermal diffusivity）と呼ばれている．α [m²/s] とおくことになっている．

$$\frac{\partial T}{\partial t} = \alpha \frac{1}{r^2}\frac{\partial\left(r^2\dfrac{\partial T}{\partial r}\right)}{\partial r}$$
$$= \alpha \frac{1}{r^2}\left(2r\frac{\partial T}{\partial r} + r^2\frac{\partial^2 T}{\partial r^2}\right)$$
$$= \alpha\left(\frac{2}{r}\frac{\partial T}{\partial r} + \frac{\partial^2 T}{\partial r^2}\right) \tag{11.12}$$

微分方程式ができた．繰り返すと，変数が時間 t と距離 r という2つあるので，"常"微分ではなく，"偏"微分方程式である．

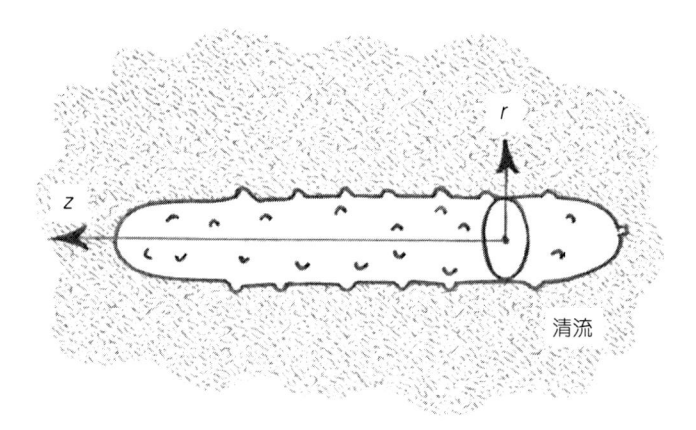

図11.4 清流に冷やしたキュウリ

キュウリが冷える

無限に長いキュウリを考えないと，温度が中心軸からの距離 r だけではなく，キュウリの両端からの距離によっても異なってしまう．それは面倒なことになる．そこで，ジワジワ熱流束は r 方向だけ考えればよいとする（図11.4）．

$$\begin{aligned}\frac{\partial T}{\partial t} &= \alpha \frac{1}{r} \frac{\partial \left(r \frac{\partial T}{\partial r}\right)}{\partial r} \\ &= \alpha \frac{1}{r} \left(\frac{\partial T}{\partial r} + r \frac{\partial^2 T}{\partial r^2}\right) \\ &= \alpha \left(\frac{1}{r} \frac{\partial T}{\partial r} + \frac{\partial^2 T}{\partial r^2}\right)\end{aligned} \quad (11.13)$$

球座標系の基礎方程式の $2/r$ の部分を $1/r$ に置換した式である．

ヒタイ（額）が冷える

ここも無限に広い額に，これまたその額に匹敵するほど広い"熱さまシート"を貼るとする．ジワジワ熱流束は額の深さ方向（ここでは，r 方

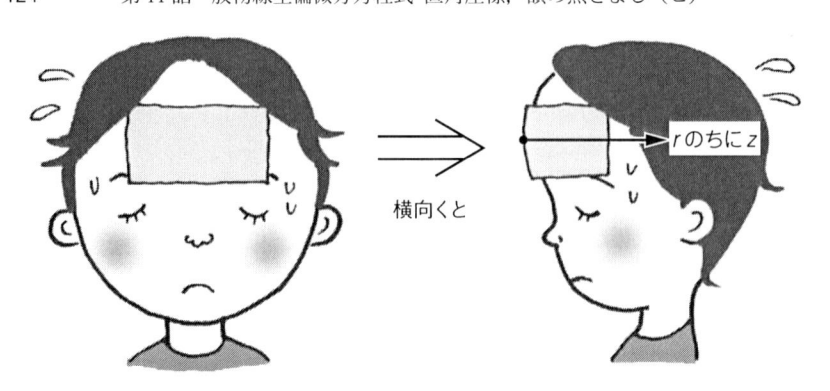

図 11.5 額の熱さまし

向）だけ考えればよいとする（図 11.5）．

$$\frac{\partial T}{\partial t} = \alpha \frac{\partial \left(\frac{\partial T}{\partial r}\right)}{\partial r}$$
$$= \alpha \frac{\partial^2 T}{\partial r^2} \tag{11.14}$$

円柱座標系の基礎方程式の $1/r$ の部分（図 10.3（P.114）の丸み補正係数）を $0/r$ すなわち，ゼロにした式である．球，円柱座標のつながりで直角座標でも距離を r としたけれども，直角座標系ではふつう，深さ方向の距離は z なので，式（11.14）で r を z に書き直すと，

$$\frac{\partial T}{\partial t} = \alpha \frac{\partial^2 T}{\partial z^2} \tag{11.15}$$

初期条件と境界条件

偏微分方程式を解く原則は積分することであるから，t について 1 階なので，1 つ初期条件がいる．距離 r について 2 階なので，2 つの境界条件が必要になる．直角座標系での基礎方程式について，

初期条件：	at $t=0$	$T=T_0$	(11.16)
境界条件1：	at $z=0$	$T=T_1$	(11.17)
境界条件2：	at $z=\infty$	$T=T_0$	(11.18)

境界条件2は，初期の頃，深部では表面部で"熱さまシート"が貼られたことなど知らないという意味である．または，額の奥がたいへん深くて，実質上そこまで熱が伝わらないという意味にとってもよい．境界条件を理解していて，微分方程式から得た解を利用する必要がある．

偏微分方程式の解法

偏微分方程式の解法は大きく2つに分けられる．1つは鉛筆とノートを使って解いていく解析的（analytical）解法，もう1つはプログラムとコンピュータを使って解いていく数値（numerical）解法である．解析的解法には，変数分離法，変数変換法，そして演算子法があり，数値解法には，有限差分法（FDM, finite difference method），有限要素法（FEM, finite element method），そして境界要素法（BEM, boundary element method）がある．

ここでは，演算子法の1つであるラプラス変換（Laplace transform）によって，つぎの偏微分方程式を解く．鉛筆とノートを使って，第3話に引き続き，ラプラス変換の不思議さとすごさを味わう．

$$\frac{\partial T}{\partial t} = \alpha \frac{\partial^2 T}{\partial z^2} \qquad (11.15)\text{の再掲}$$

この偏微分方程式は，なんとなく，$y=x^2$ に形が似ているので，放物線型偏微分方程式（parabolic partial differential equation）と呼ばれている．放物線型があるくらいだから，楕円型も双曲線型の偏微分方程式もある．化学工学に登場する頻度は，放物線型＞楕円型≫双曲線型なので，安心してこの型を解くことに集中してほしい．

初期条件 ： at $t=0$　　$T=T_0$　　　　(11.16) の再掲
境界条件1： at $z=0$　　$T=T_1$　　　　(11.17) の再掲
境界条件2： at $z=\infty$　　$T=T_0$　　　　(11.18) の再掲

偏微分方程式を解く前に，無次元温度や無次元距離を定義して，式や解の一般性を高めておこう．ここで，「一般性を高める」というのは，状況が変わって，$(T_0, T_1, L, k, \rho, C_p)$ の値のセットが変更になっても式や解を利用できるようにすることである．無次元化はそういう威力をもっている．

温度： $T-T_0 = (T_1-T_0)\theta$　　　　　　　　　(11.19)

距離： $z = L\xi$　　　　　　　　　　　　　　(11.20)

ここで，θ と ξ はギリシャ文字（Greeks）であり，それぞれ"シータ"，"グザイ"と読む．無次元の物理量の表記にはギリシャ文字がよく採用されるので覚えておこう．こうすると，熱の移動する場で，無次元温度 θ は 0 から 1 の範囲に収まることになる．これらの式を偏微分方程式に代入する．

$$\frac{\partial \theta}{\partial t} = \alpha \frac{\partial^2 \theta}{\partial (L\xi)^2} \quad (11.21)$$

左辺の t のところに，無次元でない量を集めると，

$$\frac{\partial \theta}{\partial \left(\frac{\alpha t}{L^2}\right)} = \frac{\partial^2 \theta}{\partial \xi^2} \quad (11.22)$$

左辺の分母は，他のすべての部分が無次元なので，無次元にならないと釣り合わない．そこで，（　）の中につぎの無次元時間 τ が誕生する．

$$\tau = \frac{\alpha t}{L^2} \quad (11.23)$$

τ の単位を計算して無次元であることを確かめよう．τ は第 4 話でジワジワ運動量流束の記号として下添字つきで登場した．ここでは，下添字なしで別の物理量，無次元時間を表す．α は熱拡散係数 $[m^2/s]$，t は時間 $[s]$，そして，L は深さ $[m]$．単位計算をしてみると，τ は $[-]$ で次元

がない．OK．

　無次元温度や無次元距離に比べると，無次元時間はイメージをもちにくい．本川達雄先生（東京工業大学教授）著『ゾウの時間，ネズミの時間』（中公新書）によれば，ゾウもネズミも一生の間の心拍数は，20億回．同じ回数の心拍を打ち終わると寿命を迎える．しかし心拍の間隔がそれぞれ違うので，ゾウの寿命は約100年，ネズミは数年である．人間が採用している時間の尺度でいうと，ゾウは長生きで幸せだ，ネズミは薄命で可哀想だとなる．しかしながら，同じ心拍数を生きている．動物によってそれぞれの時間が存在している．それと同様に，熱の伝わりやすい，すなわち熱拡散係数 α の値が大きい金属と，熱の伝わりにくい，すなわち α の値が小さい木材とでは時間の進み方が違う"場"なのだ．材質によってそれぞれの時間が存在していると考えれば，無次元時間になんとなくイメージを与えることができる．

　無次元温度 θ，無次元距離 ξ，そして無次元時間 τ を使って，初期条件と境界条件を表すと，

初期条件　：	at	$\tau = 0$	$\theta = 0$	(11.24)
境界条件1：	at	$\xi = 0$	$\theta = 1$	(11.25)
境界条件2：	at	$\xi = \infty$	$\theta = 0$	(11.26)

この条件のもとで，つぎの偏微分方程式を解くわけだ．

$$\frac{\partial \theta}{\partial \tau} = \frac{\partial^2 \theta}{\partial \xi^2} \tag{11.27}$$

ラプラス変換による解

　第3話で，ラプラス変換を解説した後，常微分方程式を不思議に解いた．ここでは，ラプラス変換を使って偏微分方程式を，常微分方程式のときに比べると少し面倒だけれども，不思議に解に辿りつく．

　ラプラス変換の長所はオモテの世界では勝負せずに，ウラに回って勝ち抜く点である．今回，無次元温度 θ は無次元時間 τ と無次元距離 ξ とい

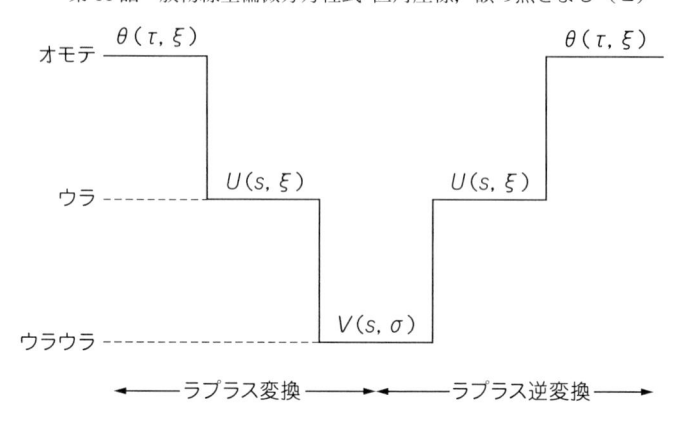

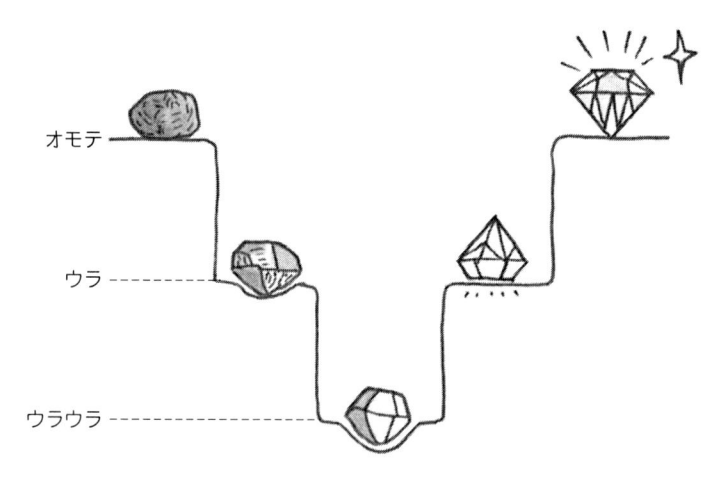

第11話 放物線型偏微分方程式 直角座標，額の熱さまし（ヒ）

図11.6 ウラウラまで行って再びオモテに戻ってきたら偏微分方程式が解けていた

　う2つの変数の関数である．2つの変数だから偏微分方程式になっている．当たり前の話をしてしまった．

　常微分方程式のように変数が1つなら，ウラの世界は1つで済んだ．ところが，偏微分方程式のように変数が2つとなると，ウラの世界に加えて，ウラウラの世界が必要だ．そういえば"ハルウララ"という競走馬がいた．オモテ→ウラ→ウラウラと変換されるプロセスで，関数と変数の記

号が変化するのでそれをまとめておく（図 11.6）.

  オモテの世界 ： $\theta(\tau,\xi)$
  ウラの世界 ： $U(s,\xi)$
  ウラウラの世界： $V(s,\sigma)$

図 11.6 を見ながら，ていねいにオモテ→ウラ→ウラウラというラプラス変換を，その後，ウラウラ→ウラ→オモテというラプラス"逆"変換をすれば不思議なことに偏微分方程式の解を得ることができる．これから始まる（1）と（2）の段階がラプラス変換，（3）と（4）の段階がラプラス逆変換のプロセスである．

$\boxed{(1)\ \text{オモテ→ウラ}：\theta(\tau,\xi)\supset U(s,\xi)}$

$$\text{式（11.27）の左辺} = \frac{\partial \theta(\tau,\xi)}{\partial \tau} \supset sU(s,\xi) - \theta(0,\xi)$$

初期条件を使って，

$$= sU(s,\xi) - 0 \tag{11.28}$$

$$\text{式（11.27）の右辺} = \frac{\partial^2 \theta(\tau,\xi)}{\partial \xi^2} \supset \frac{\partial^2 U(s,\xi)}{\partial \xi^2} \tag{11.29}$$

よって，ウラの世界での微分方程式は，

$$sU(s,\xi) - \frac{\partial^2 U(s,\xi)}{\partial \xi^2} \tag{11.30}$$

$\boxed{(2)\ \text{ウラ→ウラウラ}：U(s,\xi)\supset V(s,\sigma)}$

$$\text{式（11.30）の左辺} \supset sV(s,\sigma) \tag{11.31}$$

$$\text{式（11.30）の右辺} \supset \sigma^2 V(s,\sigma) - \sigma U(s,0) - \frac{\partial U(s,0)}{\partial \xi} \tag{11.32}$$

ここで，右辺第 2 項中の $U(s,0)$ に，境界条件 1（at $\xi=0$　$\theta=1$）を使う．

$$\theta(\tau,0) = 1 \supset U(s,0) = \frac{1}{s} \tag{11.33}$$

一方，右辺第 3 項中の $\partial U(s,0)/\partial \xi$ は，境界条件 2 では対処できない．少なくとも s の関数であることは確かなので，ひとまず $g(s)$ とおく．

$$\frac{\partial U(s,0)}{\partial \xi} = g(s) \tag{11.34}$$

すると，

$$sV(s,\sigma) = \sigma^2 V(s,\sigma) - \frac{\sigma}{s} - g(s) \tag{11.35}$$

$V(s,\sigma)$ をまとめると，

$$(\sigma^2 - s)V(s,\sigma) = \frac{\sigma}{s} + g(s) \tag{11.36}$$

この式が，ウラウラの世界での微分方程式である．また，

$$V(s,\sigma) = \frac{\frac{\sigma}{s}}{\sigma^2 - s} + \frac{g(s)}{\sigma^2 - s} \tag{11.37}$$

これが，ウラウラの世界での立派な微分方程式の解である．いや，$g(s)$ が決まっていないので立派というのは訂正する．

(3) ウラウラ→ウラ：$V(s,\sigma) \subset U(s,\xi)$

これから，オモテの世界へ向かって，変形を工夫していく．

$$V(s,\sigma) = \frac{1}{s} \frac{\sigma}{[\sigma^2 - (\sqrt{s})^2]}$$
$$+ \frac{g(s)}{\sqrt{s}} \frac{\sqrt{s}}{[\sigma^2 - (\sqrt{s})^2]} \tag{11.38}$$

ここまで，下準備をしておくと，ラプラス逆変換表（p.37 の表 3.1）を使って，両辺を逆変換できる．

$$U(s,\xi) = \frac{1}{s} \cosh \sqrt{s}\,\xi$$
$$+ \frac{g(s)}{\sqrt{s}} \sinh \sqrt{s}\,\xi \tag{11.39}$$
$$= \frac{1}{s} \frac{e^{\sqrt{s}\xi} + e^{-\sqrt{s}\xi}}{2}$$
$$+ \frac{g(s)}{\sqrt{s}} \frac{e^{\sqrt{s}\xi} - e^{-\sqrt{s}\xi}}{2} \tag{11.40}$$

ここで，待ってましたとばかりに，未使用の境界条件 2（at $\xi = \infty$ $\theta = 0$）

を使う.

$$\theta(\tau,\infty) = 0 \supset U(s,\infty) = 0 \tag{11.41}$$

$$U(s,\xi) = \frac{1}{2}\left[\frac{1}{s}+\frac{g(s)}{\sqrt{s}}\right]e^{\sqrt{s}\xi}+\frac{1}{2}\left[\frac{1}{s}-\frac{g(s)}{\sqrt{s}}\right]e^{-\sqrt{s}\xi} \tag{11.42}$$

$e^{\sqrt{s}\xi}$ は,ξ が ∞ になると ∞ になるので,境界条件 2 を満たすには,その係数 [ ] の中がゼロになっている必要がある.

$$\frac{1}{s}+\frac{g(s)}{\sqrt{s}} = 0 \tag{11.43}$$

$$g(s) = -\frac{1}{\sqrt{s}} \tag{11.44}$$

$$U(s,\xi) = \frac{1}{2}0e^{\sqrt{s}\xi}+\frac{1}{2}\left[\frac{1}{s}+\frac{1}{s}\right]e^{-\sqrt{s}\xi}$$

$$= \frac{1}{s}e^{-\sqrt{s}\xi} \tag{11.45}$$

これは,ウラの世界での立派な解である.もう一息だ.

(4) ウラ→オモテ:$U(s,\xi) \subset \theta(\tau,\xi)$

ラプラス逆変換表(表 3.1)にこの関数が載っていればそれで解決である.運よく載っている.いや,こういうこともあるかと思って載せておいた.

$$\theta(\tau,\xi) = 1-\mathrm{erf}\frac{\xi}{2\sqrt{\tau}} \tag{11.46}$$

体も頭も調子がよくないときに,この解までたどりつかない.それでもノート 3 ページと表 2 枚で偏微分方程式が解けるのだから,「やっぱりラプラス変換はすごい!」と私はいつも感動している.

線図の利用

直角座標系での放物線型偏微分方程式をラプラス変換によって無事に解くことができた.しかしながら,ラプラス変換はオールマイティではない.安心なことに,機械工学分野での固体中の伝熱や応用化学分野での繊

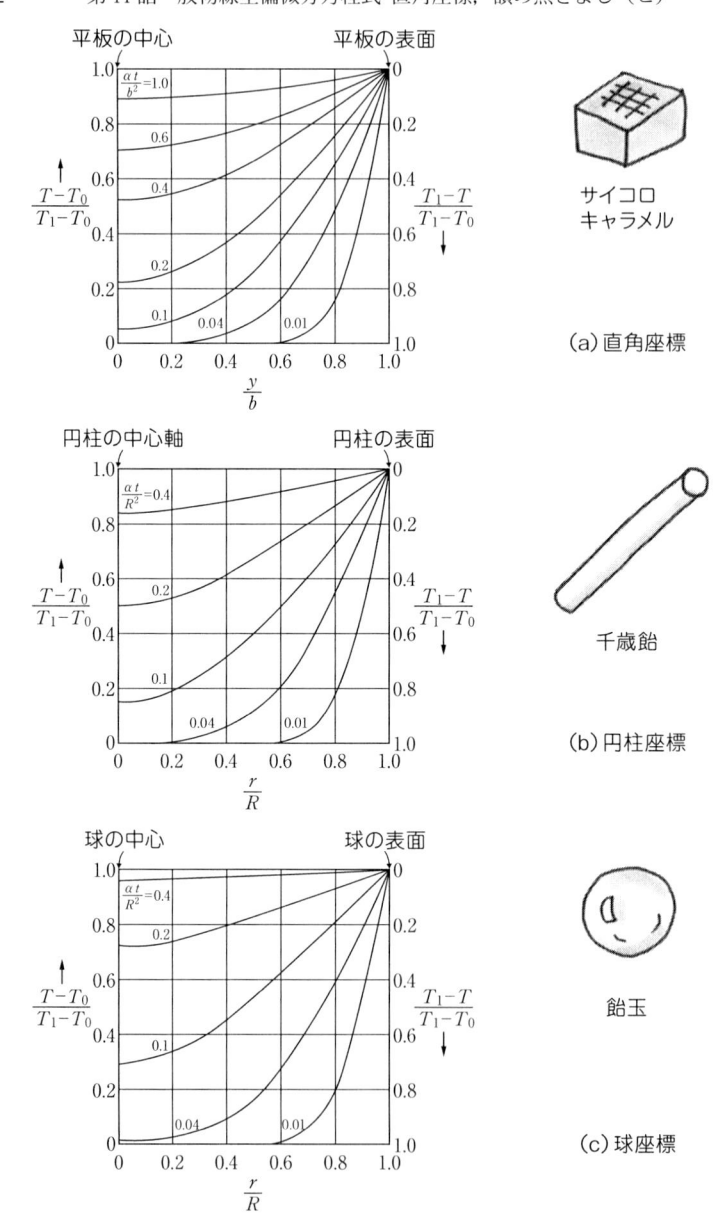

図11.7 平板，円柱，そして球座標版放物型偏微分方程式の解
(R. B. Bird, *et al.* (1960) より一部改変)

維中の染色の研究が昔から続いていて，球や円柱はもちろんのこと，さまざまな形をした固体中でジワジワ熱移動や物質移動が起きるときの非定常問題が解かれている．なかでも，伝熱なら，Carslaw & Jaeger の著 "Heat Conduction in Solids"，染色なら，Crank の著 "Mathematics in Diffusion" が有名である．これらの名著に，さまざまな初期条件や境界条件のもとで解いた結果が，線図として載っている．固体中の温度あるいは温度分布の経時変化を計算するのに便利だ．図 11.7 はその一部である．せっかくだから，この線図を使って演習問題を解いてほしい．

モデリング

　世の中はとかく住みにくい．いろいろなしがらみがあるからだ．自然現象はもっと複雑だ．複雑だからといって，なにもしないで放っておくわけにはいかない．複雑なことを解き明かすにはモデリングが役に立つ．しかしながら，モデルの精密さには，ピンからキリまである．

　環境，化学装置，あるいは材料中で，スケールの大きな現象から小さな現象までさまざまな現象がある．そのモデルが複雑すぎると，使い方が難しくて使ってもらえない．逆にモデルが簡単すぎると実際の現象と離れてしまい使ってもらえない．適当に現象を解析して，設計に役立てるモデルをそれなりに用意する必要がある．そのときに数学が強力な武器になる．化学工学で使う数学は複雑な現象を解きほぐし，化学装置の設計を支援し，また化学プロセスを制御するための道具である．大いに数学を使って「化学」を役立てる工学分野で活躍してほしい．

問題の答え

$$\theta(\tau,\xi) = 1 - \mathrm{erf}\frac{\xi}{2\sqrt{\tau}}$$

▶▶▶第11話 演習問題
（放物線型偏微分方程式　直角座標，額の熱冷まし（ヒ））

問題 11.1　円柱座標での非定常伝熱の線図（図 11.7 (b)）を使ってつぎの問いに答えなさい．

(1) 半径 1 cm の無限長のキュウリを 34℃ の室内から，4℃ の清流または冷蔵庫の中に移す．キュウリの芯が 7℃ に冷えるまでにかかる時間を算出しなさい．ただし，キュウリの熱拡散係数として水の値（1.5×10^{-7} m^2/s）を使いなさい．

(2) 同じ大きさの銀の棒について，(1) と同様に冷えるまでにかかる時間を算出しなさい．ただし，銀の熱拡散係数として，1.7×10^{-4} m^2/s を使いなさい．

問題 11.2　球座標での非定常伝熱の線図（図 11.7 (c)）を使ってつぎの問いに答えなさい．

(1) 半径 2 cm のトマトを 34℃ の室内から，4℃ の清流または冷蔵庫の中に移す．トマトの中心が 7℃ に冷えるまでにかかる時間を算出しなさい．ただし，トマトの熱拡散係数として水の値（1.5×10^{-7} m^2/s）を使いなさい．

(2) 半径 20 cm のスイカについて，(1) と同様に冷えるまでにかかる時間を算出しなさい．ただし，スイカの熱拡散係数としても水の値（1.5×10^{-7} m^2/s）を使いなさい．

問題 11.3　非定常での物質および運動量移動現象について，無次元時間 τ を定義しなさい．

問題 11.4　有限深さの固体での非定常伝熱についての基礎方程式について，
$$\frac{\partial T}{\partial t} = \alpha \frac{\partial^2 T}{\partial z^2}$$
つぎの初期条件および境界条件のもとで，ラプラス変換によって解を求めなさい．p.37 の表 3.1 のラプラス変換表と逆変換表を，さらにつぎの逆変換も使いなさい．

初期条件　：　　at　$t=0$　　　　$T=T_0$
境界条件1：　　at　$z=0$　　　　$T=T_1$
境界条件2：　　at　$z=L$　　　　$T=T_0$

$$\frac{\sinh a\sqrt{s}}{s\sinh\sqrt{s}} \subset a+\frac{2}{\pi}\sum_{n=0}^{\infty}\left[\frac{(-1)^n}{n}(\sin a\,n\pi)\exp(-n^2\pi^2 t)\right]$$

演習問題解答

▶▶▶ 第1話（化学工学の考え方と数学）
問題 1.1 本文，図 1.1 参照．

▶▶▶ 第2話（微分と積分）
問題 2.1

(1) $\displaystyle\lim_{\Delta x \to 0}\frac{(x+\Delta x)^2-x^2}{\Delta x} = \lim_{\Delta x \to 0}\frac{2x\Delta x+(\Delta x)^2}{\Delta x}$
$= \displaystyle\lim_{\Delta x \to 0}(2x+\Delta x)$
$= 2x$

(2) $\displaystyle\lim_{\Delta x \to 0}\frac{\dfrac{1}{x+\Delta x}-\dfrac{1}{x}}{\Delta x} = \lim_{\Delta x \to 0}\frac{\dfrac{x-(x+\Delta x)}{(x+\Delta x)x}}{\Delta x}$
$= \displaystyle\lim_{\Delta x \to 0}\frac{-1}{(x+\Delta x)x}$
$= -\dfrac{1}{x^2}$

問題 2.2

(1) ae^{ax}

(2) $-ae^{-ax}$

(3) $a\cos ax$

(4) $-a\sin ax$

(5) $a\cosh ax$

(6) $a\sinh ax$

問題 2.3

(1) $\dfrac{1}{a}e^{ax}+C$

(2) $-\dfrac{1}{a}e^{-ax}+C$

(3) $-\dfrac{1}{a}\cos ax + C$

(4) $\dfrac{1}{a}\sin ax + C$

(5) $\dfrac{1}{a}\cosh ax + C$

(6) $\dfrac{1}{a}\sinh ax + C$

$\boxed{\text{問題 2.4}}$

(1) $2xyz$

(2) $2y$

(3) $-\dfrac{xy}{z^2}$

$\boxed{\text{問題 2.5}}$

(1) $\dfrac{1}{r}\dfrac{\partial\left(r\dfrac{\partial f}{\partial r}\right)}{\partial r} = \dfrac{1}{r}\left[\dfrac{\partial f}{\partial r} + r\dfrac{\partial^2 f}{\partial r^2}\right]$

$\qquad\qquad\qquad = \dfrac{1}{r}\dfrac{\partial f}{\partial r} + \dfrac{\partial^2 f}{\partial r^2}$

(2) $\dfrac{1}{r^2}\dfrac{\partial\left(r^2\dfrac{\partial f}{\partial r}\right)}{\partial r} = \dfrac{1}{r^2}\left[2r\dfrac{\partial f}{\partial r} + r^2\dfrac{\partial^2 f}{\partial r^2}\right]$

$\qquad\qquad\qquad = \dfrac{2}{r}\dfrac{\partial f}{\partial r} + \dfrac{\partial^2 f}{\partial r^2}$

▶▶▶第3話（ラプラス変換）

$\boxed{\text{問題 3.1}}$

(1) $\displaystyle\int_0^\infty e^{-3t}e^{-st}\mathrm{d}t = \int_0^\infty e^{-(s+3)t}\mathrm{d}t$

$\qquad\qquad\qquad = \left[-\dfrac{1}{s+3}e^{-(s+3)t}\right]_0^\infty$

$$= -\frac{1}{s+3}(e^{-\infty}-e^{-0})$$

$$= -\frac{1}{s+3}(0-1)$$

$$= \frac{1}{s+3}$$

(2) $\displaystyle\int_0^\infty e^{5t}e^{-st}\mathrm{d}t = \int_0^\infty e^{-(s-5)t}\mathrm{d}t$

$$= \left[-\frac{1}{s-5}e^{-(s-5)t}\right]_0^\infty$$

$$= -\frac{1}{s-5}(e^{-\infty}-e^{-0})$$

$$= -\frac{1}{s-5}(0-1)$$

$$= \frac{1}{s-5}$$

(3) $\sinh 3z = \dfrac{1}{2}(e^{3z}-e^{-3z})$

$$\int_0^\infty \frac{1}{2}(e^{3z}-e^{-3z})e^{-sz}\mathrm{d}z = \frac{1}{2}\left(\frac{1}{s-3}-\frac{1}{s+3}\right)$$

$$= \frac{1}{2}\frac{(s+3)-(s-3)}{s^2-3^2}$$

$$= \frac{3}{s^2-3^2}$$

(4) $\cosh 5z = \dfrac{1}{2}(e^{5z}+e^{-5z})$

$$\int_0^\infty \frac{1}{2}(e^{5z}+e^{-5z})e^{-sz}\mathrm{d}z = \frac{1}{2}\left(\frac{1}{s-5}+\frac{1}{s+5}\right)$$

$$= \frac{1}{2}\frac{(s+5)+(s-5)}{s^2-5^2}$$

$$= \frac{s}{s^2-5^2}$$

演習問題解答　139

(5) $\int_0^\infty f'''(t)e^{-st}dt = [f''(t)e^{-st}]_0^\infty - \int_0^\infty f''(t)(-s)e^{-st}dt$

$= (f''(\infty)e^{-s\infty} - f''(0)e^{-s0}) - \int_0^\infty f''(t)(-s)e^{-st}dt$

$= 0 - f''(0) + s\int_0^\infty f''(t)e^{-st}dt$

$= 0 - f''(0) + s(s^2F(s) - sf(0) - f'(0))$

$= s^3F(s) - s^2f(0) - sf'(0) - f''(0)$

問題 3.2

(1) $sF(s) - 3 = -F(s)$

$(s+1)F(s) = 3$

$F(s) = \dfrac{3}{s+1}$

$f(t) = 3e^{-t}$

(2) $s^2F(s) - s0 - 1 = 2F(s)$

$(s^2 - 2)F(s) = 1$

$F(s) = \dfrac{1}{s^2 - 2}$

$= \dfrac{1}{s^2 - (\sqrt{2})^2}$

$= \dfrac{1}{\sqrt{2}} \dfrac{\sqrt{2}}{s^2 - (\sqrt{2})^2}$

$f(z) = \dfrac{1}{\sqrt{2}} \sinh \sqrt{2}\, z$

(3) $s^2F(s) - s2 - f'(0) = 4F(s)$

$(s^2 - 4)F(s) = 2s + f'(0)$

$F(s) = \dfrac{2s}{s^2 - 2^2} + \dfrac{f'(0)}{s^2 - 2^2}$

$= \dfrac{2s}{s^2 - 2^2} + \dfrac{f'(0)}{2} \dfrac{2}{s^2 - 2^2}$

$$f(z) = 2\cosh 2z + \frac{f'(0)}{2}\sinh 2z$$

境界条件から $f'(0)$ を決定する.

$$f'(z) = 4\sinh 2z + f'(0)\cosh 2z$$
$$f'(2) = 4\sinh 4 + f'(0)\cosh 4 = 0$$
$$f'(0) = -\frac{4\sinh 4}{\cosh 4}$$

$$f(z) = 2\cosh 2z + \frac{f'(0)}{2}\sinh 2z$$
$$= 2\left[\cosh 2z - \frac{\sinh 4}{\cosh 4}\sinh 2z\right]$$
$$= \frac{2\cosh(2z-4)}{\cosh 4}$$

問題 3.3 省略.

▶▶▶第4話（フラックス）

問題 4.1

(1) $N_{Az} = C_A(v_z) + J_{Az}$

(2) $H_z = (\rho C_p)Tv_z + q_z$

(3) $M_{xz} = (\rho v_x)v_z + \tau_{xz}$

問題 4.2

(1) ∂y を ∂z にかえる

(2) 右辺にマイナスをつける

(3) υ（動粘度の記号）を μ（粘度の記号）にかえる

問題 4.3

(1) $\left[\dfrac{\mathrm{J}}{\mathrm{m}^2\,\mathrm{s}}\right]$

(2) $\left[\dfrac{\mathrm{kg}}{\mathrm{m}^2\,\mathrm{s}}\right]$

(3) $\left[\dfrac{\text{kg}}{\text{m}^3}\right]\left[\dfrac{\text{J}}{\text{kg °C}}\right][°\text{C}] = \left[\dfrac{\text{J}}{\text{m}^3}\right]$

(4) $\left[\dfrac{\text{kg}}{\text{m}^3}\right]\left[\dfrac{\text{m}}{\text{s}}\right] = \left[\dfrac{\text{kg}\dfrac{\text{m}}{\text{s}}}{\text{m}^3}\right]$

(5) $J_{Az} = -D_A \dfrac{\partial C_A}{\partial z}$

$D_A = -\dfrac{J_{Az}}{\dfrac{\partial C_A}{\partial z}}$

$\dfrac{\left[\dfrac{\text{kg-}A}{\text{m}^3\text{ s}}\right]}{\left[\dfrac{\text{kg-}A}{\text{m}^3}\right]\left[\dfrac{1}{\text{m}}\right]} = \left[\dfrac{\text{m}^2}{\text{s}}\right]$

(6) $q_z = -k\dfrac{\partial T}{\partial z}$

$k = -\dfrac{q_z}{\dfrac{\partial T}{\partial z}}$

$\dfrac{\left[\dfrac{\text{J}}{\text{m}^2\text{ s}}\right]}{[°\text{C}]\left[\dfrac{1}{\text{m}}\right]} - \left[\dfrac{\text{J}}{\text{m s °C}}\right]$

問題 4.4 運動量流束の単位 $= \left[\dfrac{\text{kg}\dfrac{\text{m}}{\text{s}}}{\text{m}^2\text{ s}}\right] = \left[\dfrac{\text{kg}\dfrac{\text{m}}{\text{s}^2}}{\text{m}^2}\right]$

$= \dfrac{(\text{力の単位})}{(\text{面積})}$

$= \text{圧力の単位}$

▶▶▶第 5 話（収支式）

問題 5.1　$-R_A - \dfrac{\partial C_A}{\partial t} = \dfrac{1}{r}\dfrac{\partial}{\partial r}(rN_{Ar}) + \dfrac{\partial N_{Az}}{\partial z}$

問題 5.2　$-R_A - \dfrac{\partial C_A}{\partial t} = \dfrac{1}{r^2}\dfrac{\partial}{\partial r}(r^2 N_{Ar})$

問題 5.3

(1) 微小体積 $= \pi(r+\Delta r)^2 L - \pi r^2 L$
$\qquad\qquad\quad = \pi L[2r\Delta r + (\Delta r)^2]$

$2r\Delta r \gg (\Delta r)^2$ であるので,
$\qquad\qquad\quad = 2\pi r L \Delta r$

(2) 微小体積 $= \dfrac{4}{3}\pi(r+\Delta r)^3 - \dfrac{4}{3}\pi r^3$
$\qquad\qquad\quad = \dfrac{4}{3}\pi[3r^2\Delta r + 3r(\Delta r)^2 + (\Delta r)^3]$

$3r^2\Delta r \gg 3r(\Delta r)^2, (\Delta r)^3$ であるので,
$\qquad\qquad\quad = 4\pi r^2 \Delta r$

▶▶▶第 6 話（スカラーとベクトル）

問題 6.1

(1) $\dfrac{1}{\text{m}}$

(2) $\dfrac{1}{\text{m}^2}$

(3) $\dfrac{1}{\text{m}}$

(4) $\dfrac{\text{°C}}{\text{m}}$

(5) $\dfrac{1}{\text{m}}$

(6) $\dfrac{\left(\dfrac{\text{kg}}{\text{m}^2\text{s}}\right)}{\text{m}} = \dfrac{\text{kg}}{\text{m}^3\text{s}}$

▶▶▶第 10 話　演習問題
（2 階常微分方程式　円柱座標，円管内の流速分布（モ））

問題 10.1　円管内流れでの平均流速（式（10.29））を与える半径方向の位置を求めなさい．

問題 10.2　円管内流動の非定常状態での基礎方程式をつくりなさい．

問題 10.3　下の図に示す矩形の管での速度分布について，

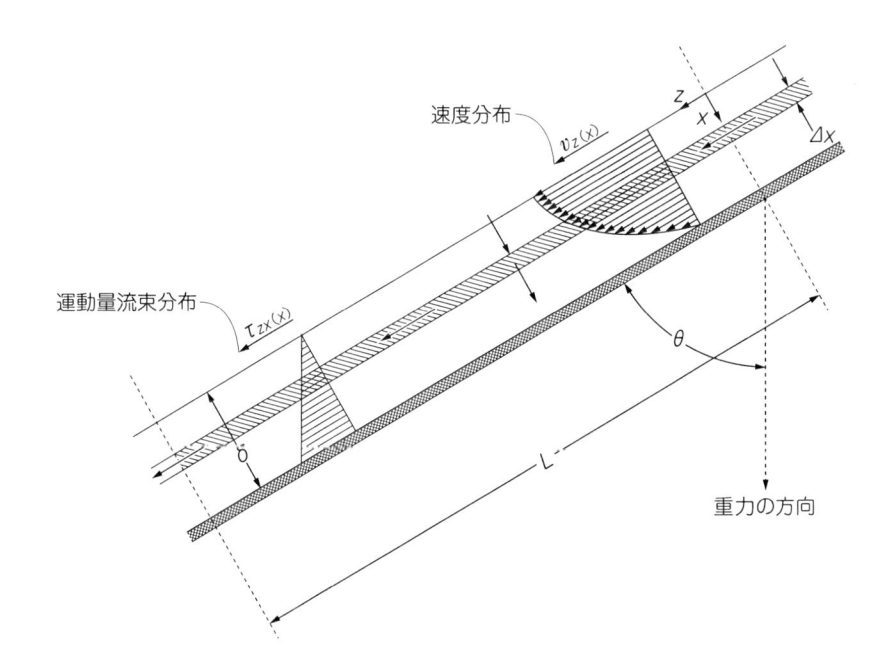

(1) 基礎方程式がつぎの式で表されるとき，必要な仮定を 2 つあげなさい．
$$\rho g \cos \theta = \frac{\partial \tau_{zx}}{\partial x}$$
(2) つぎの境界条件のもとで，解を求めなさい．ただし，τ_{zx} には，つぎのニュートンの法則を使いなさい．

こうすると，異なる点が明確になる．左辺は，球座標，円柱座標なら，それぞれ $(2/r)\,\mathrm{d}■/\mathrm{d}r$，$(1/r)\,\mathrm{d}■/\mathrm{d}r$ が加わっている（図 10.3）．断面積が変化する印でもある．また，左辺の第 3 項の前の符号が第 8 話や第 9 話では消えたのでマイナスであるのに対して，第 10 話では加わった（生まれた）のでプラスである．

問題の答え

(1) $v_z = \dfrac{\Delta P}{4\mu L}(R^2 - r^2)$

(2) $v_{z,av} = \dfrac{R^2}{8\mu L}\Delta P$

(3) $\pi R^2 \Delta P$

初期条件： at $t=0$　　$C_A = C_{A0}$

$-[C_A]_{C_{A0}}^{C_A} = k_0 [t]_0^t$

$C_{A0} - C_A = k_0 t$

(2) $-\dfrac{dC_A}{dt} = k_2 C_A^2$

$-\dfrac{1}{C_A^2} dC_A = k_2 dt$

初期条件： at $t=0$　　$C_A = C_{A0}$

$\left[\dfrac{1}{C_A}\right]_{C_{A0}}^{C_A} = k_2 [t]_0^t$

$\dfrac{1}{C_A} - \dfrac{1}{C_{A0}} = k_2(t-0)$

$\dfrac{1}{C_A} = \dfrac{1}{C_{A0}} + k_2 t$

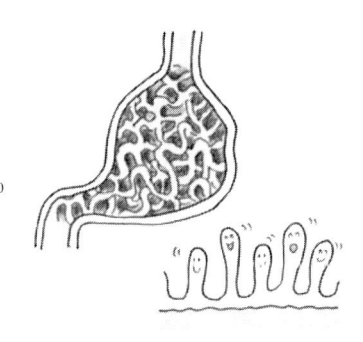

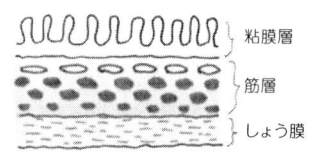

問題 7.3　問題2の解を使う．

(1) $C_{A0} - \dfrac{1}{2} C_{A0} = k_0 t_{1/2}$

$t_{1/2} = \dfrac{C_{A0}}{2k_0}$

(2) $\dfrac{1}{\frac{1}{2} C_{A0}} = \dfrac{1}{C_{A0}} + k_2 t_{1/2}$

$t_{1/2} = \dfrac{\dfrac{1}{C_{A0}}}{k_2} = \dfrac{1}{k_2 C_{A0}}$

問題 7.4　難溶性塩の濃度を C とする．

$0 - V\dfrac{dC}{dt} + k_f A (C_s - C) = 0$

$$\frac{dC}{dt} = \left(\frac{k_f A}{V}\right)(C_s - C)$$

$$\frac{1}{C_s - C}\,dC = \left(\frac{k_f A}{V}\right)dt$$

$$-d\ln(C_s - C) = \left(\frac{k_f A}{V}\right)dt$$

初期条件： at $t = 0$ $C = 0$

$$-[\ln(C_s - C)]_0^C = \frac{k_f A}{V}[t]_0^t$$

$$-\ln\left(\frac{C_s - C}{C_s - 0}\right) = \frac{k_f A}{V}(t - 0)$$

$$\ln\left(\frac{C_s}{C_s - C}\right) = \frac{k_f A}{V}t$$

▶▶▶第8話
(2階常微分方程式　直角座標，フィン内の伝熱（ヒ）)

問題 8.1　$-2(B+W)\Delta z h(T - T_a) = BW(q_z|_{z+\Delta z} - q_z|_z)$

$$-\left[\frac{2(B+W)}{BW}\right]h(T - T_a) = \frac{\partial q_z}{\partial z}$$

問題 8.2　$-4\pi r\Delta r h(T - T_a) = 2\pi B[(rq_r)|_{r+\Delta r} - (rq_r)|_r]$

$$-\frac{2}{B}h(T - T_a) = \frac{1}{r}\frac{\partial(rq_r)}{\partial r}$$

問題 8.3　$\eta = \dfrac{\displaystyle\int_0^L h(T - T_a)2\pi R\,dz}{\displaystyle\int_0^L h(T_0 - T_a)2\pi R\,dz}$

$$= \frac{\displaystyle\int_0^L (T - T_a)\,dz}{\displaystyle\int_0^L (T_0 - T_a)\,dz}$$

$$= \frac{\int_0^L (T-T_a)\,\mathrm{d}z}{(T_0-T_a)\int_0^L \mathrm{d}z}$$

$$= \frac{\int_0^L (T-T_a)\,\mathrm{d}z}{(T_0-T_a)L}$$

$(T-T_a)/(T_0-T_a) = \cosh[\sqrt{K}(L-z)]/\cosh\sqrt{K}L$ を代入すると,

$$\eta = \frac{\int_0^L \cosh[\sqrt{K}(L-z)]\,\mathrm{d}z}{L\cosh\sqrt{K}L}$$

ここで,分子を計算する.

$$\int_0^L \cosh[\sqrt{K}(L-z)]\,\mathrm{d}z = -\frac{1}{\sqrt{K}}\Big[\sinh[\sqrt{K}(L-z)]\Big]_0^L$$

$$= -\frac{1}{\sqrt{K}}(0-\sinh\sqrt{K}L)$$

$$= \frac{1}{\sqrt{K}}\sinh\sqrt{K}L$$

よって,

$$\eta = \frac{\int_0^L \cosh[\sqrt{K}(L-z)]\,\mathrm{d}z}{L\cosh\sqrt{K}L}$$

$$= \frac{\dfrac{1}{\sqrt{K}}\sinh\sqrt{K}L}{L\cosh\sqrt{K}L}$$

$$= \frac{1}{\sqrt{K}L}\frac{\sinh\sqrt{K}L}{\cosh\sqrt{K}L}$$

$$= \frac{\tanh\sqrt{K}L}{\sqrt{K}L}$$

問題 8.4

(1) アルカリ液中での酸性ガスの反応は,酸性ガスの濃度について 1 次反応と見なせる.反応速度は,$R_A[\mathrm{kg}\text{-}A/(\mathrm{m}^3\,\mathrm{s})] = k_1 C_A$ と表される

(2) アルカリ液中での酸性ガスの拡散係数 D_A は一定である
(3) 液の流れはないので，全質量流束は拡散流束に等しい
(4) 濃度分布は定常状態である

▶▶▶第9話
（2階常微分方程式　球座標，多孔性触媒内の拡散（マ））

問題9.1　$C_A(r) = f(r)/r$ とおくと，

$Kf = f''$

境界条件1：　at　$r = R$　　$f = RC_{As}$
境界条件2：　at　$r = 0$　　$f = 0$

解は次の形である．

$$f = C_1 \cosh\sqrt{K}r + C_2 \sinh\sqrt{K}r$$

境界条件1および2を代入する．

$$RC_{As} = C_1 \cosh\sqrt{K}R + C_2 \sinh\sqrt{K}R$$
$$0 = C_1 \cosh\sqrt{K}0 + C_2 \sinh\sqrt{K}0$$
$$= C_1$$

よって，

$$C_2 = \frac{RC_{As}}{\sinh\sqrt{K}R}$$

$$f = \frac{RC_{As}}{\sinh\sqrt{K}R}\sinh\sqrt{K}r$$

$$= RC_{As}\frac{\sinh\sqrt{K}r}{\sinh\sqrt{K}R}$$

元に戻って，

$$f(r) = rC_A(r) = RC_{As}\frac{\sinh\sqrt{K}r}{\sinh\sqrt{K}R}$$

$$= \frac{\int_0^L (T-T_a)\mathrm{d}z}{(T_0-T_a)\int_0^L \mathrm{d}z}$$

$$= \frac{\int_0^L (T-T_a)\mathrm{d}z}{(T_0-T_a)L}$$

$(T-T_a)/(T_0-T_a) = \cosh[\sqrt{K}(L-z)]/\cosh\sqrt{K}L$ を代入すると,

$$\eta = \frac{\int_0^L \cosh[\sqrt{K}(L-z)]\mathrm{d}z}{L\cosh\sqrt{K}L}$$

ここで,分子を計算する.

$$\int_0^L \cosh[\sqrt{K}(L-z)]\mathrm{d}z = -\frac{1}{\sqrt{K}}\Big[\sinh[\sqrt{K}(L-z)]\Big]_0^L$$

$$= -\frac{1}{\sqrt{K}}(0-\sinh\sqrt{K}L)$$

$$= \frac{1}{\sqrt{K}}\sinh\sqrt{K}L$$

よって,

$$\eta = \frac{\int_0^L \cosh[\sqrt{K}(L-z)]\mathrm{d}z}{L\cosh\sqrt{K}L}$$

$$= \frac{\frac{1}{\sqrt{K}}\sinh\sqrt{K}L}{L\cosh\sqrt{K}L}$$

$$= \frac{1}{\sqrt{K}L}\frac{\sinh\sqrt{K}L}{\cosh\sqrt{K}L}$$

$$= \frac{\tanh\sqrt{K}L}{\sqrt{K}L}$$

問題 8.4

(1) アルカリ液中での酸性ガスの反応は,酸性ガスの濃度について 1 次反応と見なせる.反応速度は,$R_A[\mathrm{kg}\text{-}A/(\mathrm{m}^3\,\mathrm{s})] = k_1 C_A$ と表される

(2) アルカリ液中での酸性ガスの拡散係数 D_A は一定である
(3) 液の流れはないので，全質量流束は拡散流束に等しい
(4) 濃度分布は定常状態である

▶▶▶第9話
（2階常微分方程式　球座標，多孔性触媒内の拡散（マ））

問題9.1　$C_A(r) = f(r)/r$ とおくと，
$$Kf = f''$$
境界条件1：at $r = R$　$f = RC_{As}$
境界条件2：at $r = 0$　$f = 0$

解は次の形である．
$$f = C_1 \cosh \sqrt{K}r + C_2 \sinh \sqrt{K}r$$
境界条件1および2を代入する．
$$RC_{As} = C_1 \cosh \sqrt{K}R + C_2 \sinh \sqrt{K}R$$
$$0 = C_1 \cosh \sqrt{K}0 + C_2 \sinh \sqrt{K}0$$
$$= C_1$$
よって，
$$C_2 = \frac{RC_{As}}{\sinh \sqrt{K}R}$$
$$f = \frac{RC_{As}}{\sinh \sqrt{K}R} \sinh \sqrt{K}r$$
$$= RC_{As} \frac{\sinh \sqrt{K}r}{\sinh \sqrt{K}R}$$
元に戻って，
$$f(r) = rC_A(r) = RC_{As} \frac{\sinh \sqrt{K}r}{\sinh \sqrt{K}R}$$

問題 9.2

$$\eta = \frac{\int_0^R a_v k_1 C_A 4\pi r^2\, dr}{\int_0^R a_v k_1 C_{AS} 4\pi r^2\, dr}$$

$$= \frac{\int_0^R r^2 C_A\, dr}{\int_0^R r^2 C_{AS}\, dr}$$

$$= \frac{\int_0^R r^2 C_A\, dr}{C_{AS} \int_0^R r^2\, dr}$$

$$= \frac{\int_0^R r^2 C_A\, dr}{C_{AS} \left[\dfrac{r^3}{3}\right]_0^R}$$

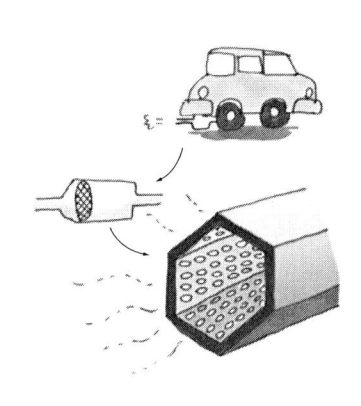

$$= \frac{\int_0^R r^2 C_A\, dr}{C_{AS} \dfrac{R^3}{3}}$$

この式に, 濃度分布を表す式 (9.27) を代入する.

$$\frac{C_A}{C_{AS}} = \frac{R}{r}\frac{\sinh\sqrt{K}r}{\sinh\sqrt{K}R}$$

$$\eta = \frac{\int_0^R r^2 \dfrac{R}{r}\dfrac{\sinh\sqrt{K}r}{\sinh\sqrt{K}R}\, dr}{\dfrac{R^3}{3}}$$

$$= \frac{3}{R^2}\frac{1}{\sinh\sqrt{K}R}\int_0^R r \sinh\sqrt{K}r\, dr$$

積分の部分を計算する.

$$\int_0^R r \sinh\sqrt{K}r\, dr$$

r と $\sinh\sqrt{K}r$ の順番を入れかえると, 部分積分法 (p.24) が見えてくる.

$$= \int_0^R (\sinh\sqrt{K}r) r\, dr$$

$$= \left[\frac{1}{\sqrt{K}}(\cosh\sqrt{K}r)r\right]\int_0^R \frac{1}{\sqrt{K}}\cosh\sqrt{K}r\,dr$$

$$= R\frac{1}{\sqrt{K}}\cosh\sqrt{K}R - \frac{1}{\sqrt{K}}\left[\frac{1}{\sqrt{K}}\sinh\sqrt{K}r\right]_0^R$$

$$= R\frac{1}{\sqrt{K}}\cosh\sqrt{K}R - \left(\frac{1}{\sqrt{K}}\right)^2 \sinh\sqrt{K}R$$

$$= \left(\frac{1}{\sqrt{K}}\right)^2\left(\sqrt{K}R\cosh\sqrt{K}R - \sinh\sqrt{K}R\right)$$

元に戻って,

$$\eta = \frac{3}{R^2}\frac{1}{\sinh\sqrt{K}R}\left(\frac{1}{\sqrt{K}}\right)^2\left(\sqrt{K}R\cosh\sqrt{K}R - \sinh\sqrt{K}R\right)$$

$$= \frac{3}{(\sqrt{K}R)^2}\left(\sqrt{K}R\frac{\cosh\sqrt{K}R}{\sinh\sqrt{K}R} - 1\right)$$

$$= \frac{3}{(\sqrt{K}R)^2}\left(\sqrt{K}R\frac{1}{\tanh\sqrt{K}R} - 1\right)$$

問題 9.3

(1) $\pi R^2 J_{Az}|_z - (2\pi R\,\Delta z)k_1 C_A = \pi R^2 J_{Az}|_{z+\Delta z}$

$$-(2\pi R\,\Delta z)k_1 C_A = \pi R^2 (J_{Az}|_{z+\Delta z} - J_{Az}|_z)$$

$$-\frac{2k_1}{R}C_A = \frac{\partial J_{Az}}{\partial z}$$

フィックの法則を代入して,

$$-\frac{2k_1}{R}C_A = \frac{\partial\left(-D_A\frac{\partial C_A}{\partial z}\right)}{\partial z}$$

孔内で拡散係数は一定であるので,

$$\left(\frac{2k_1}{RD_A}\right)C_A = \frac{\partial^2 C_A}{\partial z^2}$$

左辺の( )の中を K とおく.

$$KC_A = \frac{\partial^2 C_A}{\partial z^2}$$

(2) $C_A = C_1 \cosh\sqrt{K}z + C_2 \sinh\sqrt{K}z$

演習問題解答　　　151

境界条件 1： at $z = L$　　　$C = C_{As}$
境界条件 2： at $z = -L$　　$C = C_{As}$

これを使って，

$$C_{As} = C_1 \cosh \sqrt{K} L + C_2 \sinh \sqrt{K} L$$
$$C_{As} = C_1 \cosh [\sqrt{K}(-L)] + C_2 \sinh [\sqrt{K}(-L)]$$

ここで，$\cosh(-●) = \cosh ●$，$\sinh(-●) = -\sinh ●$ だから，

$$C_{As} = C_1 \cosh \sqrt{K} L - C_2 \sinh \sqrt{K} L$$

C_1 と C_2 についての連立方程式を解いて，

$$C_1 = \frac{C_{As}}{\cosh \sqrt{K} L}$$
$$C_2 = 0$$
$$C_A = C_{As} \frac{\cosh \sqrt{K} z}{\cosh \sqrt{K} L}$$

(3) $C_A = C_1 \cosh \sqrt{K} z + C_2 \sinh \sqrt{K} z$

$$\frac{\mathrm{d}C_{Az}}{\mathrm{d}z} = \sqrt{K}(C_1 \sinh \sqrt{K} z + C_2 \cosh \sqrt{K} z)$$

境界条件 1： at $z = L$　　　$C = C_{As}$
境界条件 2： at $z = 0$　　　$\dfrac{\mathrm{d}C_A}{\mathrm{d}z} = 0$

これを使って，

$$C_{As} = C_1 \cosh \sqrt{K} L + C_2 \sinh \sqrt{K} L$$
$$0 = \sqrt{K}(C_1 \sinh \sqrt{K} 0 + C_2 \cosh \sqrt{K} 0)$$

C_1 と C_2 についての連立方程式を解いて，

$$C_1 = \frac{C_{As}}{\cosh \sqrt{K} L}$$
$$C_2 = 0$$
$$C_A = C_{As} \frac{\cosh \sqrt{K} z}{\cosh \sqrt{K} L}$$

(4) $\quad \eta = \dfrac{\displaystyle\int_{-L}^{L} k_1 C_A 2\pi R \mathrm{d}z}{\displaystyle\int_{-L}^{L} k_1 C_{AS} 2\pi R \mathrm{d}z}$

$\quad = \dfrac{\displaystyle\int_{-L}^{L} C_A \mathrm{d}z}{\displaystyle\int_{-L}^{L} C_{AS} \mathrm{d}z}$

$\quad = \dfrac{\displaystyle\int_{-L}^{L} C_A \mathrm{d}z}{C_{AS} \displaystyle\int_{-L}^{L} \mathrm{d}z}$

$\quad = \dfrac{\displaystyle\int_{-L}^{L} C_A \mathrm{d}z}{2L C_{AS}}$

この式に，濃度分布を表す式((3)の解) を代入する．

$$\dfrac{C_A}{C_{AS}} = \dfrac{\cosh\sqrt{K}z}{\cosh\sqrt{K}L}$$

$$\eta = \dfrac{\displaystyle\int_{-L}^{L} \cosh\sqrt{K}z\,\mathrm{d}z}{2L\cosh\sqrt{K}L}$$

分子の積分の部分を計算する．

$$\int_{-L}^{L} \cosh\sqrt{K}z\,\mathrm{d}z = \left[\dfrac{1}{\sqrt{K}}\sinh\sqrt{K}z\right]_{-L}^{L}$$

$$= \dfrac{1}{\sqrt{K}}[\sinh\sqrt{K}L - \sinh(-\sqrt{K}L)]$$

$$= \dfrac{2}{\sqrt{K}}\sinh\sqrt{K}L$$

元に戻って，

$$\eta = \dfrac{\dfrac{2}{\sqrt{K}}\sinh\sqrt{K}L}{2L\cosh\sqrt{K}L}$$

$$= \dfrac{\tanh\sqrt{K}L}{\sqrt{K}L}$$

▶▶▶ 第 10 話
(2 階常微分方程式 円柱座標,円管内の流速分布(モ))

問題 10.1 平均流速は,$\dfrac{R^2}{8\mu L}\Delta P$

$$\dfrac{\Delta P}{4\mu L}(R^2-r^2) = \dfrac{R^2}{8\mu L}\Delta P$$

とおいて,

$$r = \dfrac{R}{\sqrt{2}}$$

問題 10.2 「入溜生出」の ㊁溜 を加えるだけでよい

㊁溜 : $\dfrac{\partial(2\pi r L\Delta r \rho v_z)}{\partial t}$

ここは,

$$\dfrac{\partial(2\pi r L\Delta r \rho v_z)}{\partial t} = (2\pi r L\Delta r)\rho \times \dfrac{\partial v_z}{\partial t}$$
$$= (微小体積の質量) \times (加速度)$$

という物理的な意味がある.

$$2\pi r L \tau_{zr}|_r - (2\pi r L\Delta r)\rho\dfrac{\partial v_z}{\partial t} + (2\pi r \Delta r)\Delta P$$
$$= 2\pi(r+\Delta r)L\tau_{zr}|_{r+\Delta r}$$
$$- (2\pi r L\Delta r)\rho\dfrac{\partial v_z}{\partial t} + (2\pi r \Delta r)\Delta P$$
$$= 2\pi L[(r\tau_{zr})|_{r+\Delta r} - (r\tau_{zr})|_r]$$

微小体積 $(2\pi r L\Delta r)$ で割って,

$$-\dfrac{\partial \rho v_z}{\partial t} + \dfrac{\Delta P}{L} = \dfrac{1}{r}\dfrac{\partial(r\tau_{zr})}{\partial r}$$

問題 10.3

(1) 2つの仮定は次のとおり．

    (1) v_z は x 方向にのみ分布している

    (2) 速度分布 $v_z(x)$ は定常状態である

(2) 途中の式変形は省略．

$$v_z(x) = \frac{\rho g \cos\theta}{2\mu}(\delta^2 - x^2)$$

▶▶▶第 11 話
（放物線型偏微分方程式　直角座標，額の熱冷まし（ヒ））

問題 11.1

(1) キュウリ

芯なので，$r = 0$ を読む．

$$横軸 = \frac{r}{R} = \frac{(半径方向の距離)}{(円柱の半径)} = 0$$

$T_0 = 34℃$，$T_1 = 4℃$，$T = 7℃$ とおく．

$$縦軸の左 = \frac{T - T_0}{T_1 - T_0}$$

$$= \frac{[(内部のある位置での温度) - (初期の内部温度)]}{[(表面温度) - (初期の内部温度)]}$$

$$= \frac{7 - 34}{4 - 34} = 0.9$$

$$縦軸の右 = \frac{T_1 - T}{T_1 - T_0}$$

$$= \frac{[(表面温度) - (内部のある位置での温度)]}{[(表面温度) - (初期の内部温度)]}$$

$$= \frac{4 - 7}{4 - 34} = 0.1$$

線図を読んで，$\alpha t/R^2 = 0.5$　（左右どちらから読んでも同一）

ここへ，$\alpha = 1.5 \times 10^{-7} \, \text{m}^2/\text{s}$, $R = 0.01 \, \text{m}$ を代入して，
$$t = 0.5 \frac{R^2}{\alpha} = 330 \, \text{秒}$$

(2) 銀の棒

$\alpha = 1.7 \times 10^{-4} \, \text{m}^2/\text{s}$ を代入して，
$t = 0.29 \, \text{秒}$

問題 11.2

(1) トマト

中心なので，$r = 0$ を読む．
$$\text{横軸} = \frac{r}{R} = \frac{(\text{半径方向の距離})}{(\text{球の半径})} = 0$$

$T_0 = 34\text{℃}$, $T_1 = 4\text{℃}$, $T = 7\text{℃}$ とおく．

$$\text{縦軸の左} = \frac{T - T_0}{T_1 - T_0}$$
$$= \frac{[(\text{内部のある位置での温度}) - (\text{初期の内部温度})]}{[(\text{表面温度}) - (\text{初期の内部温度})]}$$
$$= \frac{7 - 34}{4 - 34} = 0.9$$

$$\text{縦軸の右} = \frac{T_1 - T}{T_1 - T_0}$$
$$= \frac{[(\text{表面温度}) - (\text{内部のある位置での温度})]}{[(\text{表面温度}) - (\text{初期の内部温度})]}$$
$$= \frac{4 - 7}{4 - 34} = 0.1$$

線図を読んで，$\alpha t/R^2 = 0.3$ (左右どちらから読んでも同一)

ここへ，$\alpha = 1.5 \times 10^{-7} \, \text{m}^2/\text{s}$, $R = 0.02 \, \text{m}$ を代入して，
$$t = 0.5 \frac{R^2}{\alpha} = 800 \, \text{秒} = 13 \, \text{分}$$

(2) スイカ

$R = 0.2$ m を代入して，

$t = 8.0 \times 10^4$ 秒 $= 22$ 時間

問題 11.3 アナロジー

運動量移動 ： $\nu t/L^2$

熱移動 ： $\alpha t/L^2$

物質移動 ： $D_A t/L^2$

問題 11.4 $\dfrac{\partial T}{\partial t} = \alpha \dfrac{\partial^2 T}{\partial z^2}$

初期条件 ： at $t = 0$ $T = T_0$

境界条件 1 ： at $z = 0$ $T = T_1$

境界条件 2 ： at $z = L$ $T = T_0$

無次元化すると，

$$\frac{\partial \theta}{\partial \tau} = \frac{\partial^2 \theta}{\partial \xi^2}$$

初期条件 ： at $\tau = 0$ $\theta = 0$

境界条件 1 ： at $\xi = 0$ $\theta = 1$

境界条件 2 ： at $\xi = 1$ $\theta = 0$

(1) オモテ→ウラそして (2) ウラ→ウラウラまでは本文と同一なので省略．

(3) ウラウラ→ウラ： $V(s, \sigma) \subset U(s, \xi)$

$g(s)$ を決めるために，p.130 の式 (11.39) に境界条件 2 を使う．

$$U(s, 1) = \frac{1}{s} \cosh \sqrt{s} + \frac{g(s)}{\sqrt{s}} \sinh \sqrt{s} = 0$$

$$g(s) = -\frac{1}{\sqrt{s}} \left[\frac{\cosh \sqrt{s}}{\sinh \sqrt{s}} \right]$$

したがって，ウラの世界での解は，
$$U(s, \xi) = \frac{1}{s} \frac{\sinh[\sqrt{s}(1-\xi)]}{\sinh \sqrt{s}}$$

(4) ウラ→オモテ：$U(s, \xi) \subset \theta(\tau, \xi)$

次のラプラス逆変換を使う．
$$\frac{\sinh a\sqrt{s}}{s \sinh \sqrt{s}} \subset a + \frac{2}{\pi} \sum_{n=1}^{\infty} \left[\frac{(-1)^n}{n} (\sin a n\pi) \exp(-n^2\pi^2 t) \right]$$

$a = 1-\xi$ とすれば，
$$\theta = (1-\xi) + \frac{2}{\pi} \sum_{n=1}^{\infty} \left[\frac{(-1)^n}{n} [\sin n\pi(1-\xi)] \exp(-n^2\pi^2 t) \right]$$

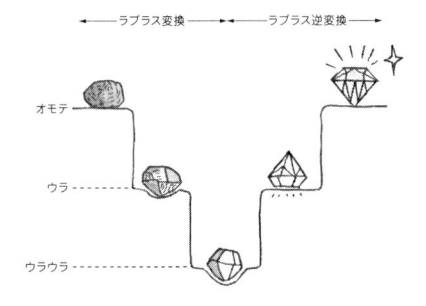

参 考 図 書

1. R. B. Bird, W. E. Stewart, E. N. Lightfoot, *Transport Phenomena*, John Wiley & Sons（1960）
2. 斎藤恭一，吉田　剛（絵），道具としての微分方程式，講談社ブルーバックス（1994）
3. 斎藤恭一，武曽宏幸（絵），なっとくする偏微分方程式，講談社（2005）
4. 平田光穂（監訳），芦沢正三（訳），化学技術者のための応用数学，丸善（1968）（H. S. Mickley, T. K. Sherwood, C. E. Reed, *Applied Mathematics in Chemical Engineering*, 2nd Ed., McGraw-Hill Book（1957））

あとがき

　定量的に話を進める，数値を使って議論をする，こうしたことを助けてくれるのが化学工学である．実用化に向けて，プロセスを考えて，製品コストを意識する．"化学"または"応用化学"の研究成果を社会に役立てるためには化学工学を身に付けておいて損はない．企業での材料の設計，装置の設計，プロセスの設計，「設計」は文章ではできない．数学が強力な武器となる．化学者のための道具としての数学が，化学工学の数学でもある．

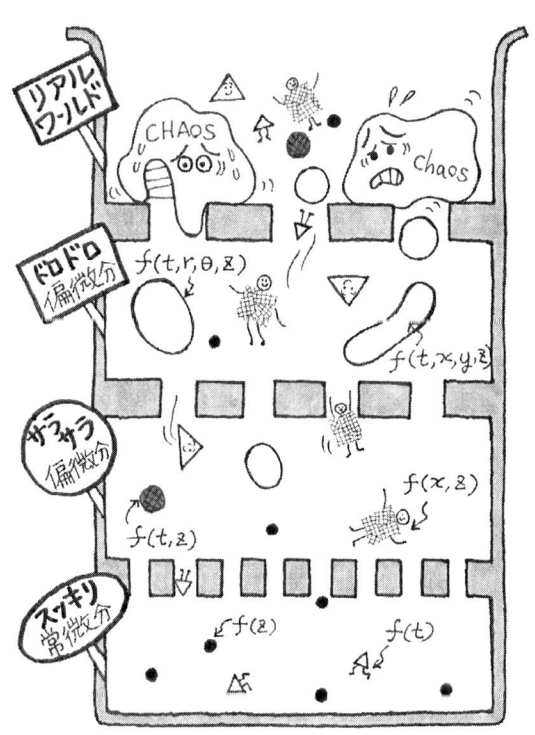

現実世界を数学でふるう

収支シー

① 卵を割る ② 炒める

③ 火を消す ④ 皿に盛る

サイコロ
キャラメル

応用数学ランド

索　引

balance　56
continuous system　11
cosh x　19
discrete system　9
divergence　70
gradient　69
macroscopic　12
microscopic　12
sinh x　19

ア　行

圧力損失　97
アナロジー　14

異相系　2
入溜消出　57,60,61,70
「入溜消出」収支式　77,79,121

ウラ　31
ウラウラの世界　129
ウラの世界　129
運動量　45
運動量濃度　47
運動量流束　43

演算子法　125
円柱座標　58

オモテ　31
オモテの世界　129
温度　45
温度勾配　48
温度分布　120

カ　行

解析的解法　125
回分式　7
界面　3
化学的な分離操作　9
拡散係数　51
観察される反応速度　11
完全混合槽　76

機械的な分離操作　9
基礎方程式　87
球座標　58
境界条件　25,61,80,88,124
境界要素法　125
境膜　47
巨視的　12

空孔率　98
屈曲度　98

決定論　13
原空間　31
現実　13

勾配　69
固定層　7

サ　行

座標軸　60
指数関数　19,34,35,88
質量　45

質量流束　43
収支　56
収支式　56
常微分記号 d　122
常微分方程式　26,40
初期条件　25,61,80,88,124
触媒　11,94
ジワジワ運動量流束　51,53,67,107
ジワジワ質量流束　50,67
ジワジワ熱流束　49,67
ジワジワ流束　45,54,97
真の反応速度　11

数値解法　125
スカラー　54,66

制御　133
積分　22
積分定数　23
設計　133
全体の流束　45
全流束　54
栓流反応器　78

総括反応　4
総括反応速度　97
双曲線型偏微分方程式　125
双曲線関数　19,35,88
像空間　31
層流　53
速度　45
速度勾配　53,107
速度分布　110
速度論　3
素反応　4

タ 行

対流　60
滞留時間　79
楕円型偏微分方程式　125
多孔性　98
単位操作　9
担持　97

担持触媒　97

逐次反応　4
直角座標　58

定常　5,7,25
定常状態　5
テンソル　54,67
伝熱効率　91

統計論　13
ドット積　69
ドヤドヤ熱流束　49
ドヤドヤ流束　45,54,97
トレードオフ　97

ナ 行

内積　69
ナブラ（∇）　69

2階常微分方程式　113
ニュートンの法則　44,54,70,110

熱拡散係数　122
熱伝導度　49
熱流束　43
熱量　45
熱量濃度　46
粘度　52,53

濃度　45
濃度勾配　50

ハ 行

ハーゲン-ポアズイユ式　113
発散　70
バランス　44
半減期 $t_{1/2}$　82
半減距離 $z_{1/2}$　82
反応器　75

ヒ　14,46,107
微視的　12

微小空間　58
微小時間　58
非定常　5,7
非定常現象　119
非定常状態　5
非定常熱伝導現象　120
比表面積　98
微分　17
微分コンシャス　60,62
微分方程式　25

フィックの法則　44,51,63,70
フィルム　47
物質収支式　69
不定積分　23
部分積分法　23,32,33
フラックス　43,44
フーリエの法則　44,49,70,87,122
不連続　9

平均流速　113
平衡論　3
並列反応　4
ベクトル　54,66
ヘテロ　2
変数分離法　81,125
変数変換　100
変数変換法　125
偏微分記号 ∂　100,122
偏微分方程式　26,40,63,118,122

放物線型偏微分方程式　125,131
ホモ　2

マ　行

マ　14,45,107

無次元温度　126
無次元距離　126
無次元時間　126

モ　14,46,107
モデリング　13,132
モデル　13

ヤ　行

有限差分法　125
有限要素法　125
有効拡散係数　100
有効係数　102

ラ　行

ラプラシアン　72
ラプラス逆変換　31,129
ラプラス逆変換表　37
ラプラス変換　30,31,81,127,129
ラプラス変換表　37
乱流　53

律速段階　4
流束　43,44,60
流体　94
流通系　7
流動層　7,13
流量　112
両極端　1

類似　14

レイノルズ数　52
連続　2

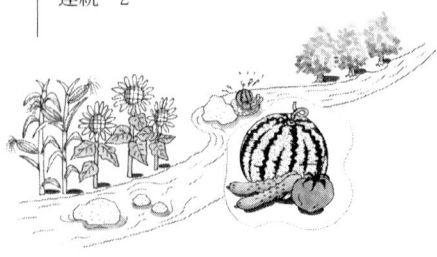

著者略歴

齋藤　恭一（さいとう　きょういち）

1953年　埼玉県生まれ
1977年　早稲田大学理工学部応用化学科卒業
1982年　東京大学大学院工学系研究科化学工学専攻博士課程修了
1990年　東京大学工学部化学工学科助教授
1994年　千葉大学工学部機能材料工学科助教授
現　在　千葉大学工学部共生応用化学科
　　　　バイオマテリアル教育研究分野教授

〈著書〉
『道具としての微分方程式』（講談社，1994）
『理系のためのサバイバル英語入門』（共著，講談社，1996）
『猫とグラフト重合』（共著，丸善，1996）
『なっとくする偏微分方程式』（講談社，2005）
『理系英語の道は一日にしてならず』（アルク，2006）
『ノーベル賞クラスの論文で学ぶ理系英語　最強リーディング術』
　　（アルク，2007）
『グラフト重合のおいしいレシピ』（共著，丸善，2008）

中村　鈴子（なかむら　すずこ）

現在，雑誌・書籍などのさし絵画家として活躍
〈おもな作品〉
『カチーナの石』（講談社，1997）
『みみずのカーロ』（合同出版，1999）
『英単語呂源1・2』（エコール・セザム，2004）

数学で学ぶ化学工学11話　　　　　定価はカバーに表示

2008年 9月30日　初版第1刷
2020年10月25日　　　第8刷

　　　　　　　　著　者　齋　藤　恭　一
　　　　　　　　　　　　中　村　鈴　子
　　　　　　　　発行者　朝　倉　誠　造
　　　　　　　　発行所　株式会社　朝倉書店
　　　　　　　　　　　　東京都新宿区新小川町6-29
　　　　　　　　　　　　郵便番号　162-8707
　　　　　　　　　　　　電話　03(3260)0141
　　　　　　　　　　　　FAX　03(3260)0180
　　　　　　　　　　　　http://www.asakura.co.jp

〈検印省略〉

© 2008〈無断複写・転載を禁ず〉　　　真興社・渡辺製本

ISBN 978-4-254-25035-0　C 3058　　Printed in Japan

JCOPY〈出版者著作権管理機構　委託出版物〉

本書の無断複写は著作権法上での例外を除き禁じられています．複写される場合は，
そのつど事前に，出版者著作権管理機構（電話 03-5244-5088，FAX 03-5244-5089，
e-mail: info@jcopy.or.jp）の許諾を得てください．

好評の事典・辞典・ハンドブック

物理データ事典	日本物理学会 編	B5判 600頁
現代物理学ハンドブック	鈴木増雄ほか 訳	A5判 448頁
物理学大事典	鈴木増雄ほか 編	B5判 896頁
統計物理学ハンドブック	鈴木増雄ほか 訳	A5判 608頁
素粒子物理学ハンドブック	山田作衛ほか 編	A5判 688頁
超伝導ハンドブック	福山秀敏ほか 編	A5判 328頁
化学測定の事典	梅澤喜夫 編	A5判 352頁
炭素の事典	伊与田正彦ほか 編	A5判 660頁
元素大百科事典	渡辺 正 監訳	B5判 712頁
ガラスの百科事典	作花済夫ほか 編	A5判 696頁
セラミックスの事典	山村 博ほか 監修	A5判 496頁
高分子分析ハンドブック	高分子分析研究懇談会 編	B5判 1268頁
エネルギーの事典	日本エネルギー学会 編	B5判 768頁
モータの事典	曽根 悟ほか 編	B5判 520頁
電子物性・材料の事典	森泉豊栄ほか 編	A5判 696頁
電子材料ハンドブック	木村忠正ほか 編	B5判 1012頁
計算力学ハンドブック	矢川元基ほか 編	B5判 680頁
コンクリート工学ハンドブック	小柳 洽ほか 編	B5判 1536頁
測量工学ハンドブック	村井俊治 編	B5判 544頁
建築設備ハンドブック	紀谷文樹ほか 編	B5判 948頁
建築大百科事典	長澤 泰ほか 編	B5判 720頁

価格・概要等は小社ホームページをご覧ください．